燃气行业从业人员专业教材

燃气输配场站工

赵亚倩　闵　宏　主编

黄河水利出版社
·郑州·

内 容 提 要

本书根据输气场站生产要求及岗位考核要求共设置五个模块，第一个模块为输气基础知识，第二个模块为输气生产常用设备的运行维护及操作，第三个模块为输气场站参数测量及自动化系统，第四个模块为供配电系统，第五个模块为岗位考核解析。全书配有丰富的图片和视频等资料，并配有部分练习题，可实现扫二维码在线答题。该书比较系统、全面地阐述了燃气输配场站工的行业要求，是一本实用性和操作性较强的燃气专业新形态一体化基础教材。

本书适用于燃气相关行业管理人员和燃气相关企业员工的培训学习专业资料，还可以作为中、高等职业院校燃气专业学生的学习教材。

图书在版编目(CIP)数据

燃气输配场站工/赵亚倩，闵宏主编．—郑州：黄河水利出版社，2017.6

燃气行业从业人员专业教材

ISBN 978－7－5509－1778－1

Ⅰ.①燃…　Ⅱ.①赵…②闵…　Ⅲ.①燃气输配－配气站－技术培训－教材　Ⅳ.①TU996.6

中国版本图书馆 CIP 数据核字(2017)第 147248 号

组稿编辑：谌莉　电话：0371－66025355　E-mail：113792756@qq.com

出 版 社：黄河水利出版社

地址：河南省郑州市顺河路黄委会综合楼 14 层　　邮政编码：450003

发行单位：黄河水利出版社

发行部电话：0371－66026940、66020550、66028024、66022620（传真）

E-mail：hhslcbs@126.com

承印单位：河南日报报业集团有限公司彩印厂

开本：787 mm×1 092 mm　1/16

印张：12.75

字数：295 千字　　印数：1—4 000

版次：2017 年 6 月第 1 版　　印次：2017 年 6 月第 1 次印刷

定价：34.00 元

前　言

随着国内经济的快速发展以及对清洁能源需求的日益增多，天然气以清洁、高效、经济等优势正逐步受到青睐，燃气行业在国内正在呈现蓬勃的发展态势，但是，由于人员的不规范操作造成的安全事故日益增多，燃气输气场站的安全问题也越来越受到重视，对输气场站制度的完善、人员的规范化生产，以及输气设备的运行维护等要求越来越高。

本书是以工种应知应会的专业知识为主线，把实际操作内容嵌套到其中，形成以技能操作为中心的知识模块，同时理论联系实际，以员工岗位技能要求围绕市场需求为导向，既注重模块的系统性，也照顾到模块与模块之间的联系性。

本书全面系统地阐述了输气基础知识、输气生产常用设备的运行维护及操作、输气场站参数测量及自动化系统、供配电系统等专业技术知识，同时对输气场站相关设备的日常操作标准规范做了扼要介绍。

本书由山西燃气工程技术学校与山西燃气产业集团共同编写，由山西燃气工程技术学校赵亚倩和山西燃气产业集团闵宏担任主编，山西燃气工程技术学校杨艳老师参与编写。其中第一章、第二章、第三章、第四章、第六章、第七章、第十四章、第十九章、附录1、附录2由赵亚倩编写，第五章、第八章、第九章、第十章、第十七章由山西燃气产业集团闵宏编写，第十一章、第十二章、第十三章、第十五章、第十六章、第十八章由山西燃气工程技术学校杨艳老师编写。全书由赵亚倩、闵宏统稿，本书封面图片由山西燃气产业集团提供，同时，对在编写本书过程中给予大力支持的技术人员表示感谢！

由于编者水平所限，书中若有错误和不妥之处欢迎读者给予批评指正。

编　者
2017 年 5 月

前 言

编 者
2017年5月

目　录

3 输气场站参数测量及自动化系统

4 供配电系统

5 岗位考核解析

1 输气基础知识

第一章　天然气基础知识

一、天然气的定义

天然气是从油气藏中开采出来的，是以碳氢化合物为主要成分的混合气体。

二、天然气的组分

（一）烃类组分

（1）由碳和氢两种元素组成的有机化合物称为碳氢化合物，简称烃类化合物。

（2）烃类化合物是天然气的主要成分。

（3）天然气中含量最多的烃类化合物是甲烷。

（二）含硫组分

（1）天然气中含硫组分的无机硫化物组分有硫化氢，分子式是 H_2S。

（2）在有水存在的情况下，H_2S 对管道有强烈的酸性腐蚀，因此天然气中含有 H_2S 时必须经过脱硫处理，达到管输标准时，才能进行管道输送。

（三）其他组分

天然气中，除含有烃类和硫组分外，还含有二氧化碳、水蒸气、氮气等。

三、天然气的分类

对于城镇燃气来说，燃气一般分为四大类，常见的燃气种类如图 1-1 所示。

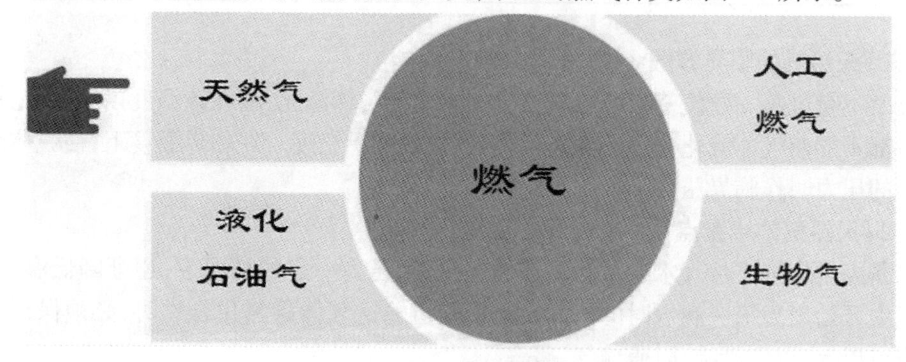

图 1-1　燃气的种类

（一）按照油气藏的特点分类

（1）气田气：从地下开采出来的气田气为纯天然气。

(2)石油伴生气:伴随石油开采一块出来的气体称为石油伴生气。

(3)凝析气田气:含石油轻质馏分的气体。凝析气田气中除含有大量的甲烷外,还含有2% ~5%戊烷及戊烷以上的含氢化合物。

(4)煤矿矿井气:煤开采过程中从井下煤层中抽出的可燃气,俗称瓦斯。

(二)按照天然气中烃类的组分含量分类

(1)干气:指戊烷以上烃类组分的含量低于100 g/m^3。

(2)湿气:指戊烷以上烃类组分的含量高于100 g/m^3。

(三)按照天然气中含硫量分类

(1)洁气:指不含硫或含硫量低于20 mg/m^3。

(2)酸性天然气:指含硫量高于20 mg/m^3。

四、天然气的性质

我国计量天然气时,以20 ℃(293.15 K),1个标准大气压(101 325 Pa)作为计算特性值的标准状态。

(一)天然气的平均分子量

天然气的平均分子量随着组分的不同而变化,等于各组分的体积分数与该组分分子量乘积的总和。

(二)天然气的相对密度

天然气的相对密度是指在同温同压条件下,天然气的密度与空气的密度之比。常见的燃气密度与相对密度见表1-1。

表1-1 常见的燃气密度与相对密度

燃气种类	密度	相对密度
天然气	0.75 ~0.8	0.58 ~0.62
焦炉煤气	0.4 ~0.5	0.3 ~0.4
气态液化气	1.9 ~2.5	1.5 ~2.0

(三)天然气的临界参数

温度不超过某一数值,对气体进行加压,可以使气体液化,而在该温度以上,无论加多大压力都不能使气体液化,这个温度就叫该气体的临界温度。在临界温度下,使气体液化所必需的压力叫作临界压力。

(四)天然气的水露点

水露点是表征天然气水含量的参数之一,是指压力一定的情况下,逐渐降低温度,当天然气中开始出现第一滴水时的温度。当用管道输送气体碳氢化合物时,必须保持其温度在露点以上,以防凝结,阻碍输气。

(五)天然气的热值

(1)1 m^3气体完全燃烧所放出的热量称为热值,单位为 MJ/m^3。

(2)天然气的热值范围30 ~40 MJ/m^3。

（六）天然气的爆炸极限

可燃气体和空气的混合物遇明火而引起爆炸时的可燃气体浓度范围称为爆炸极限。在这种混合物中，当可燃气体的含量减少到不能形成爆炸混合物时的含量，称为可燃气体的爆炸下限，而当可燃气体含量一直增加到不能形成爆炸混合物时的含量，称为爆炸上限。

天然气的爆炸极限是5%～15%。

（七）天然气的节流效应

气体在流道中经过突然缩小的断面（如针型阀、孔板阀等）发生强烈的涡流，使气体压力下降，这种现象称为节流效应。

（八）天然气的水合物

在一定温度和压力条件下，天然气中某些气体组分能和液态水形成水合物（见图1-2）。

图1-2　天然气水合物

1. 水合物形成的条件

（1）主要条件：气体处于水汽的饱和状态与过饱和状态并存在游离水；有足够高的压力及足够低的温度。

（2）次要条件：含有杂质、高速、紊流、脉动（例如由活塞式压送机引起的）、急剧转弯等因素。

2. 预防水合物形成的主要措施

提高天然气的输送温度，脱水。

3. 解除已形成水合物的措施

降压，加热，注入防冻剂（一般多是甲醇）。

五、天然气的质量标准

我国天然气的质量标准见表1-2。

表1-2　我国天然气的质量标准

项目		一类	二类	三类
高位发热量(MJ/m^3)	≥	36.0	31.4	31.4
总硫(以硫计)(mg/m^3)	≤	60	200	350
硫化氢(mg/m^3)	≤	6	20	350
二氧化碳(%)	≤	2.0	3.0	—
水露点(℃)		在交接点压力下,水露点应比输送条件下最低环境温度低5 ℃		

注:a. 本标准中气体体积的标准参比条件是101.325 kPa,20 ℃。
b. 在输送条件下,当管道管顶温度为0 ℃时,水露点应不高于-5 ℃。
c. 进入输气管道的天然气,水露点的压力应是最高输送压力。

第二章　天然气输气系统

一、输气系统

从气田的井口装置开始，气体经过井口采气机集气、净化、干线输气，直到通过配气管网输送到用户，形成一个密闭的输气系统（如图 2-1 所示长输管线输气系统图和图 2-2 所示输气系统方框图）。

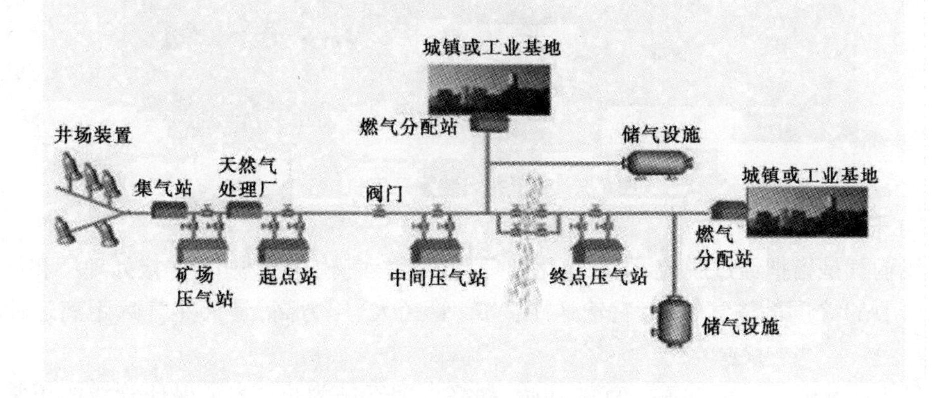

图 2-1　长输管线输气系统图

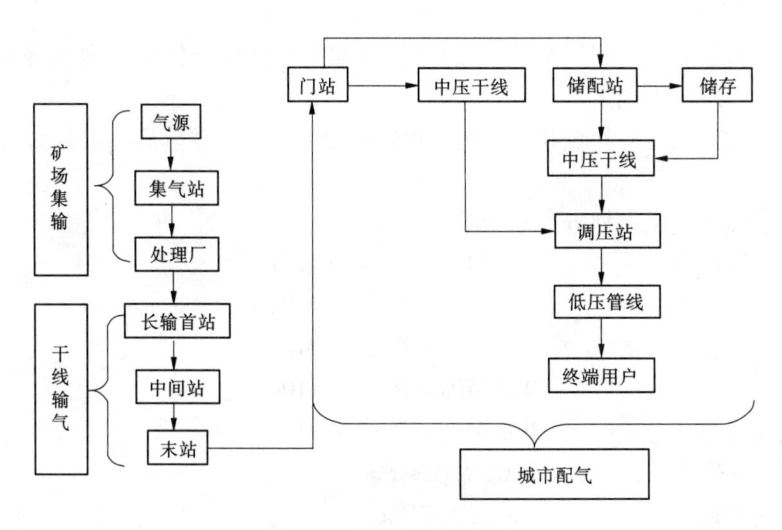

图 2-2　输气系统方框图

(一)矿场集输

矿场集输系统主要包括气田内部的井场、集气站、天然气处理厂。常见的气田井场装置采气机见图2-3。

图2-3　气田井场装置采气机

(二)干线输气

干线输气是指把经过脱硫、脱水净化处理后的天然气输送到城市,连接处理厂和城市配气站(门站)之间的输气管道,它输送距离长、管径大、压力高,是天然气远距离运输的工具。

输气干线从矿场附近的输气首站开始,到终点配气站为止。为了保证管线的正常运行,应在干线上设置压气站。

(三)城市配气

城市配气的任务是从配气站开始,通过各级配气管网和气体调压保质保量地根据用户的要求直接向用户供气。

配气站是城市配气的起点和总枢纽,气体在配气站内经过分离、调压、计量和加臭后输入配气管网。

我国城镇燃气的压力划分为七个等级:

高压燃气管道A	$2.5\ MPa < P \leqslant 4.0\ MPa$
高压燃气管道B	$1.6\ MPa < P \leqslant 2.5\ MPa$
次高压燃气管道A	$0.8\ MPa < P \leqslant 1.6\ MPa$
次高压燃气管道B	$0.4\ MPa < P \leqslant 0.8\ MPa$
中压燃气管道A	$0.2\ MPa < P \leqslant 0.4\ MPa$
中压燃气管道B	$0.01\ MPa \leqslant P \leqslant 0.2\ MPa$
低压燃气管道	$P < 0.01\ MPa$

二、场站的认识

输气站是输气管道工程中各类工艺站场的总称。其主要功能是接收天然气、给管道天然气增压、分输天然气、配气、储气调峰、发送和接收清管器等。

按各场站在输气管道中所处的位置分为输气首站、末站和中间站(中间站又分为压气站、气体分输站、清管站等)3 大类型及一些附属站场(如储气库、阀室、阴极保护站等)。

按站场自身的功能可分为压气站、分输站、清管站、配气站等。

(一)首站

首站是天然气管道的起点站,它接收来自矿场净化厂或其他气源的净化天然气,其主要工艺流程为:天然气经分离、计量后输往下游场站。通常还有发送清管器、气体组分分析等功能。当进站压力不能满足输送要求时,首站还具有增压功能。

(二)分输站

分输站是在输气管道沿线,为分输气体至用户而设置的场站。其主要的工艺流程为:天然气经分离、调压、计量后分输至用户。有时还具有清管器收发、配气等功能。当与清管站合建时,便为清管分输站。

(三)末站

末站是天然气管道的终点设施,它接收来自管道上游的天然气,转输给终点用户,其主要工艺流程为:天然气经分离、调压、计量后输往用户。通常还有清管器接收等功能。

(四)压气站

压气站是输气管道的接力站,主要功能是给管道天然气增压,提高管道的输送能力。其主要工艺流程为:天然气经分离、增压后输往下游站场。

(五)清管站

输气管道投产时需要通过清管器清除管道中的积液、粉尘杂质和异物。清管站主要工艺流程为:清管器接收、天然气除尘分离、清管器发送并输往下游场站。

(六)储气库

储气库是输气管道供气调峰的主要设施,主要的形式有:枯竭气田储气库,地下盐穴、岩洞储气库,地面容器储气库。

地下储气库的工艺流程为:天然气过滤分离、计量、增压注气;采气、过滤分离、计量、增压输回管道。

(七)阀室

为了便于进行管道的维修,缩短放空时间,减少放空损失,减小管道事故的危害,输气管道上每隔一定距离,需设置干线截断阀。阀室的功能为干线截断、两端放空。

(八)阴极保护站

埋地管道易遭受杂散电流等腐蚀,除对管道采取防腐绝缘外,还要进行外加电流阴极保护,将被保护金属与外加的直流电源的负极相连,把另一辅助阳极接到电源的正极,使被保护金属成为阴极。由于外加电流保护的距离有限,每隔一定的距离应设一座阴极保护站。

第三章 阀门

第一节 阀门的认识

一、输气管道上阀门的作用

阀门主要安装在输气管道上，是输气管道的控制装置，主要用来控制气流的方向、压力和流量。

输气管道上常用的阀门有截止类阀门、止回类阀门、分流类阀门、调节类阀门、安全类阀门。阀门在管道上的基本功能是接通或切断介质、改变介质流向、防止介质倒流、调节介质流量及压力、保护管道和附属设备的正常运行及生产。

输气生产运行场合使用着各种各样的阀门，如果阀门选型使用不当，将会对输气运行生产造成严重影响。因此，正确使用阀门，掌握一定的阀门维修保养技术，是输气场站工作人员的一项重要技能。

二、输气管道上阀门的分类

(一)按驱动方式分类

1. 手动阀

手动阀是利用现场机械手轮、杠杆、手柄，由操作人员人力操作阀门启闭或调节阀门动作的阀门。

2. 自力式阀门

自力式阀门不需要外力驱动阀门装置，依靠介质本身的能量驱动阀门。例如安全阀、调压阀、减压阀、止回阀、止逆阀等。

3. 动力驱动阀

动力驱动阀可以利用各种动力源进行驱动。

(1)电动阀：借助于电力驱动的阀门。

(2)气动阀：借助于压缩空气或惰性气体驱动的阀门。

(3)液动阀：借助于液压油等液体压力驱动的阀门。

(4)气液联动阀：借助于油气双动力源驱动的阀门。

(5)电液联动阀：借助于电液双动力源驱动的阀门。

(二)按照工作温度分类

(1)超低温阀门:工作温度小于 -100 ℃。

(2)低温阀门:工作温度为 -100 ~ -40 ℃。

(3)常温阀门:工作温度为 -40 ~120 ℃。

(4)中温阀门:工作温度为 120 ~450 ℃。

(5)高温阀门:工作温度大于 450 ℃。

(三)按照公称压力分类

(1)真空阀:公称压力低于标准大气压(101 325 Pa)。

(2)低压阀:公称压力不大于 1.6 MPa。

(3)中压阀:公称压力为 2.5 ~6.4 MPa。

(4)高压阀:公称压力为 10 ~80 MPa。

(5)超高压阀:公称压力不小于 100 MPa。

三、阀门的技术参数

(一)阀门的公称通径

公称通径是指阀门与管道连接处流通通道的名义直径,一般用 DN 表示。公称通径表示阀门规格的大小,是阀门最主要的结构参数。

(二)公称压力

公称压力是阀门在规定的基准温度下允许的最大工作压力,一般用 PN 表示。公称压力表明阀门承压能力的大小,是阀门最主要的性能参数。

第二节 球 阀

一、球阀用途

球阀在管道中主要用来做切断、分配和改变介质的流动方向,转动球体,使球孔的通道与阀体通道相通,即为球阀的开启,再转动 90°,即为关闭。球阀启闭件及受力传动部件图、球阀全开状态及球阀全关状态分别见图 3-1 及图 3-2。

二、按密封结构原理分类

按密封结构原理,球阀分为浮动球球阀和固定球球阀。

3-1 阀门拆装

(一)浮动球球阀

浮动球球阀的球体是浮动的,在介质压力作用下,球体能产生一定的位移并紧压在出口端的密封面上,保证出口端密封。浮动球球阀的结构简单,密封性好,但球体承受工作介质的载荷全部传给了出口密封圈,因此要考虑密封圈材料能否经受得住球体介质的工作载荷,在受到较高压力冲击时,球体可能会发生偏移。这种结构一般用于中低压球阀。常见的浮动球球阀剖面示意图见图 3-3。

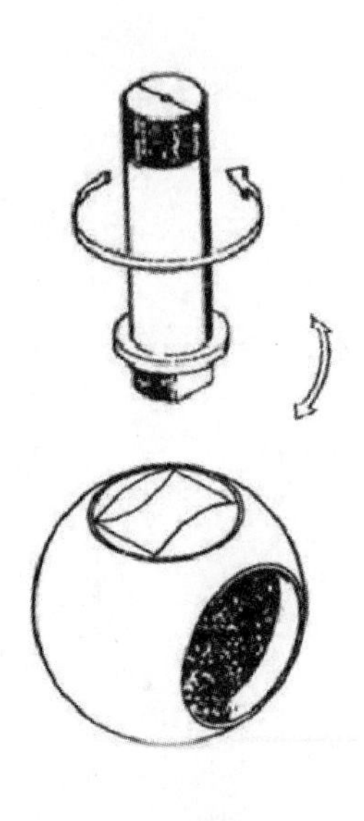

(a) 球阀启闭件

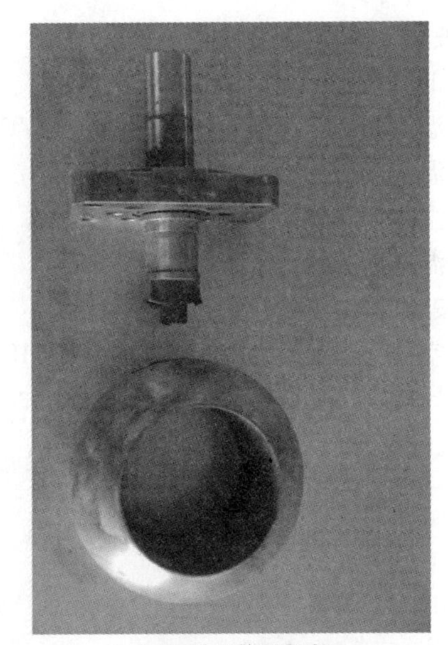

(b) 受力传动部件

图 3-1 球阀启闭件及受力传动部件

(a)球阀全开状态

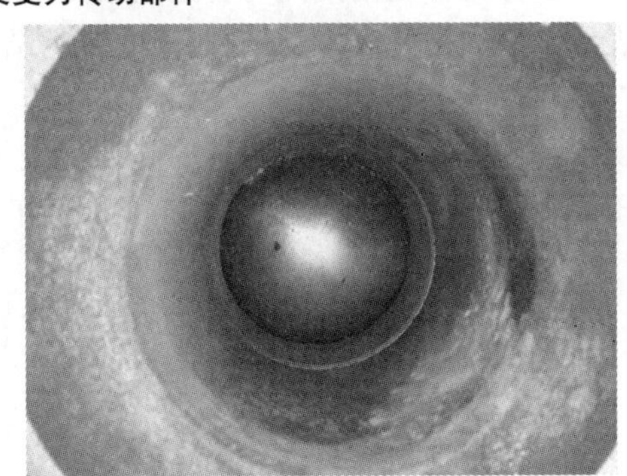

(b)球阀全关状态

图 3-2 球阀开关状态

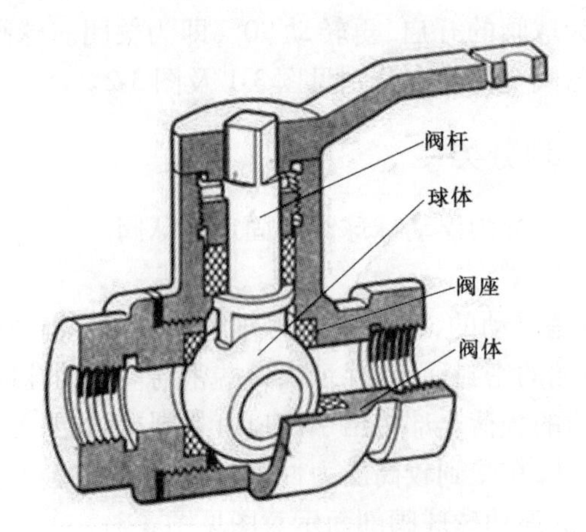

图 3-3 浮动球球阀剖面示意图

(二)固定球球阀

固定球球阀是新一代高性能球阀,适用于长输管线和一般工业管线,其强度、安全性、耐恶劣环境性等在设计时进行了特殊考虑,适用于各种腐蚀性和非腐蚀性介质。它与浮动球球阀相比,工作时,阀前流体压力在球体上产生的作用力全部传递给轴承,不会使球体向阀座移动,因而阀座不会承受过大的压力,所以固定球球阀的转矩小、阀座变形小、密封性能稳定、使用寿命长,适用于高压、大口径场合。先进的弹簧与阀座组件,具有自紧特性,实现了上游密封。每个阀有两个阀座,每个方向都能密封,因而安装没有流向限制,是双向的。此阀一般水平安装。

固定球球阀有二块式和三块式两种阀体结构,中法兰用螺栓连接,密封采用增强聚四氟乙烯镶入不锈钢圈内,钢圈后部设有弹簧保证阀座紧贴球体,保持密封。上下阀杆均设有 PTFE 轴承,减少摩擦,操作省力,小轴底部设有调整片,保证球与密封圈的接触位置。阀门流量孔径与管线内径一致,以便管线清扫。常见的固定球球阀剖面图和阀座实物见图 3-4和图 3-5。

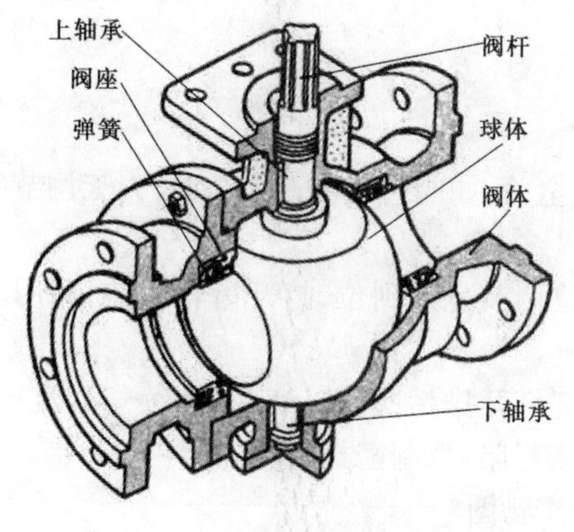

图 3-4　固定球球阀剖面示意图

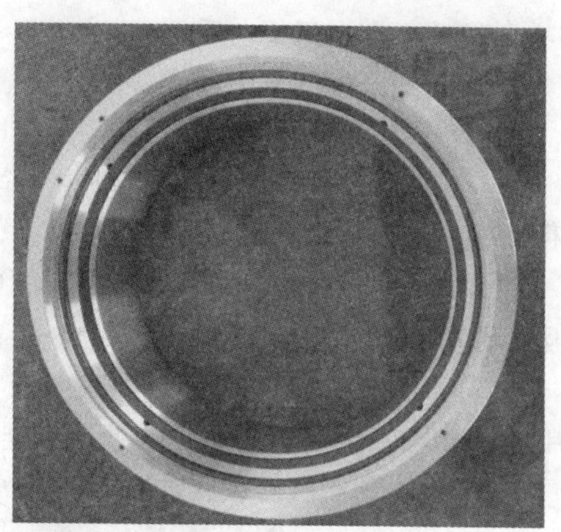
图 3-5　固定球球阀阀座实物图

三、手动球阀的启闭操作

手动球阀是使用最广的阀门,它的手轮或手柄,是按照普通的人力来设计的,考虑了密封面的强度和必要的关闭力,因此不能用长杠杆或长扳手来扳动。有些人习惯于使用扳手,应严格注意,不要用力过大过猛,否则容易损坏密封面,或扳断手轮、手柄。

(1)阀门的启闭只允许一人手动操作,禁止使用加力杆和多人操作。

(2)对于长时间没有进行开关、清洗、润滑操作的球阀,在操作球阀前应先注入少量清洗液或润滑脂并浸泡一段时间,以软化其中可能已变质硬化的物质,从而使阀门能够活动自如并且能保护阀门密封不受损伤。

(3)检查阀门的启闭状态。

当阀门为全关状态时,打开阀门前,则检查阀门两端压力,带有旁通回路的球阀当两端压差大于 0.1 MPa 时,打开球阀进出口两端的平衡阀,待球阀前后压力平衡后,再缓慢打开球阀。

(4)阀门开启操作。逆时针方向转动手轮(或手柄),缓开 1/3～1/4 圈,待气流完全充满管道后,缓慢全开阀门手柄,直至与管道平行。当阀门全开后,应将手轮倒转少许,使螺纹之间严紧,以免松动损伤。

(5)阀门关闭操作。顺时针方向转动手轮(或手柄),直到阀位指示与管道垂直。当阀门全开后,应将手轮倒转少许,使螺纹之间严紧,以免松动损伤。

(6)严禁用力摇晃阀门手柄或用力过猛。

(7)球阀只允许在全开或全关状态下运行,禁止用于节流或在非全开关位运行。

四、球阀常见的故障及处理

(一)阀门内漏

1. 故障原因

(1)球面损伤。

(2)阀座密封面损坏。

(3)球面存在污物杂质。

(4)阀门限位调节不到位。

2. 处理方法

(1)通过阀门指示器判断阀门是否全开或全关,如阀门未全开或全关,人工调节阀门手柄位置,进行开关阀门。

(2)若还是未能全开或全关,判断阀门限位调节是否到位,打开齿轮箱盖,利用活动扳手调节开限位和关限位。

(3)若还未能够解决内漏,则在全关状态下打开排污阀,若一直有持续气流流出,则判断为阀门内漏,只能进行返厂处理或进行注密封脂,强制密封阀门。

图 3-6 为球阀阀体被腐蚀破坏并有污物的实物图。

图 3-6　球阀阀体污物示意图

(二)注脂嘴漏气

1. 故障原因

注脂嘴内单向阀弹珠周围有杂质。

2. 处理方法

(1)注入清洗液,清洗弹珠表面杂质。

(2)若仍漏气,则放空漏气端一侧管线压力,更换注脂嘴。

注脂嘴结构图见图3-7。

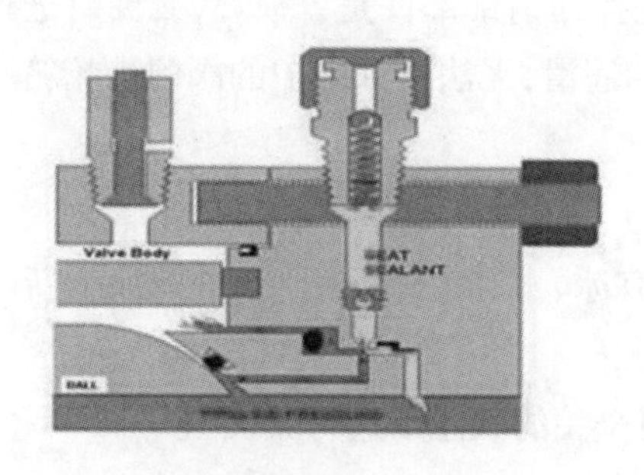

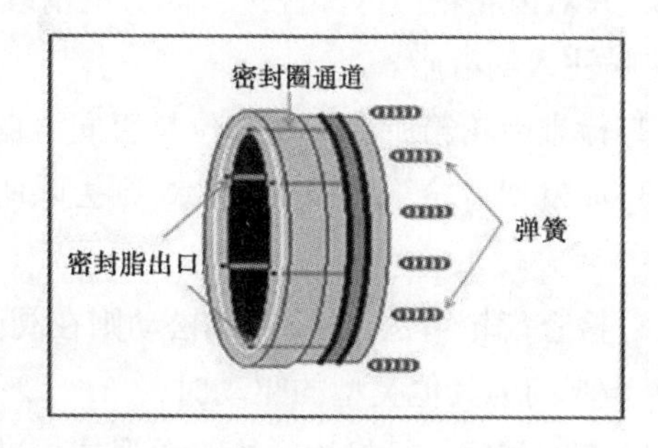

图3-7 注脂嘴结构图

(三)齿轮箱手轮空转

1. 故障原因

蜗杆上固定销损坏或折断。

2. 处理方法

更换固定销。

手动阀门齿轮箱见图3-8。

图3-8 手动阀门齿轮箱

五、球阀的检查、维护和保养

(1)球阀应严格按照月度检查、季度检查、入冬前维护保养等。

(2)球阀应保证一个人在不用任何加力杆的情况下可以操作,如无法操作或操作困难,则需要对阀门进行处理。

◆当阀门传动机构为齿轮箱传动时:

(1)每年入冬前,打开齿轮箱检查所有齿轮操作内部部件是否损坏,必要时进行修理或更换,并对齿轮箱内部部件进行充分的清理和润滑,无法打开维护的阀门齿轮箱应定期从注脂嘴注入润滑脂。

(2)检查齿轮箱所有传动部位是否润滑良好。

(3)如发现齿轮箱内积水、结冰,则去除所有冰、水和旧的润滑脂,重新涂上新的润滑脂。

(4)检查齿轮箱是否松动,如松动则在阀门全关的状态下进行紧固。

◆当阀门为其他类型的驱动时:

(1)查阅阀门执行机构的维修手册或标准程序以确定合适的检验程序。

(2)确认动力源(电动、气动、液动)的线路或管道连接良好并且动力供应充足,如有必要则进行调整。

(3)检查阀门执行器的动作,必要时将执行器从阀门上拆下,检查执行器的工作状况,对照执行器相关的说明资料进行调整或维修。

(4)检查阀门的阀杆填料上紧螺栓是否太紧,如太紧则缓慢松动直到阀门可以操作。

◆如以上处理方法无效,则说明球阀阀体内部出现卡堵现象,应进行以下检查:

(1)检查阀体内部是否存在结冰现象,如有则去除阀体内部的冰后再操作阀门。

(2)用手动或气动注脂枪注入阀门清洗液,10 ~ 20 min 后尝试操作阀门并通过阀门排污嘴进行排污。

(3)检查阀门的阀杆填料处、法兰盖等部位是否存在外漏。

▲如发现球阀法兰盖处存在外漏,则应:

①放空阀门前后管线的气体;

②将阀门从管线上拆下,拆开法兰盖,检查密封件是否损坏,必要时更换密封件,重新安装阀门。

▲如发现阀杆处存在外漏,则应:

①观察阀门是否有阀杆注脂结构,如有则缓慢注入阀门密封脂,当泄漏止住时就应停止加注(注意:向阀杆注脂时注脂压力不能超过 3 000 psi,否则阀杆密封腔上下 O 形圈可能被挤坏,造成密封彻底失效)。

②对于某些球阀,可以上紧阀杆顶部的压紧螺栓。拧紧压紧螺栓或到泄漏止住为止。

③如阀门填料损坏引起泄漏,则更换阀杆填料。

(4)阀门内漏的处理。

▲阀门内漏的判断:

①常关阀门后端为不带压管线或压力容器(如收发球筒),根据压力容器压力的变化来判断阀门内漏。

平均每小时每英寸公称直径密封面的泄露量用 V_x 表示,即

$$V_x = \frac{(P_2 - P_1)V_0}{TD}$$

式中 P_1——压力容器初始压力,bar;

P_2——压力容器检查时压力,bar;

V_0——压力容器容积,m^3;

T——时间,h;

D——管线公称直径,in。

当 V_x 大于0.02 $m^3/(h \cdot in)$时,即认为该阀门内漏。

②当无法通过阀门后端的管线或容器来判断阀门是否内漏时,通过排污检查阀门内漏,缓慢打开阀门排污阀将阀腔内气体放空,如阀腔气体无法排空,即认为该阀门内漏。

③GROVE 球阀只能在阀门全关的状态下判断阀门是否内漏,其他类型的球阀均可以在全开位或全关位检查阀门的密封情况。

▲球阀内漏的处理:

①通过阀位观察孔或手动检查阀门是否在全开位或全关位,如阀门不在全开位或全关位则进行调节。

②将球阀置于全开或全关位置(GROVE 球阀置于全关位置)。

③确定阀座密封脂注嘴的数量。

④对于已进行清洗、润滑维护的阀门,直接注入阀门密封脂。

⑤如阀门没有进行清洗、润滑维护,用手动或气动注脂枪,均匀地在各个注脂嘴处缓慢地注入规定数量的阀门清洗液。

⑥1~2天后,注入规定数量的阀门润滑脂,将阀门操作2~3次,使阀门润滑脂通过阀座涂到球上。阀门不能全开关时,应开关到可能的最大位。

⑦如阀门仍存在内漏则说明阀座或球体已存在比较严重的损伤,需要进行更换阀座或维修。

▲阀门内漏处理中的注意事项:

①阀门内漏的处理以清洗、活动为主要解决方法,以注密封脂密封为辅助手段。

②阀门内漏的检查和处理应尽可能在阀门全关的状态下进行。

③阀门尽可能做全开关的活动,不能做全开关活动的阀门要尽可能大范围地活动。

④清洗液和密封脂必须缓慢注入,尽量使用手动注脂枪进行操作。

⑤在注入清洗液和密封脂时注意观察注入压力的变化,注入压力不能超过阀门公称

压力。

(5)每年入冬前对阀门进行润滑维护。

①按照规定量注入阀门清洗液,使清洗液在阀门中保留1~2天。

②按照规定量注入阀门润滑脂,开关阀门2~3次,使润滑脂均匀涂抹于球体上。

③打开阀门排污嘴,检查阀门是否存在内漏。

第三节　节流截止放空阀

一、主要功能及用途

节流截止放空阀是在吸收了截止阀和节流阀技术的基础上发展起来的新一代高性能放空阀。既可以可靠截止(密封达到零泄漏),又具有节流放空功能。广泛用于石油、天然气、蒸汽管道输送装置的节流放空系统。

节流截止放空阀可实现三种功能:截止密封功能、节流调节功能、放空功能。

常见的节流截止放空阀结构图见图3-9(a)。

二、工作原理

(一)阀门关闭状态

阀芯硬密封端面紧压在阀座的端面上形成第一道硬质密封,同时"O"形橡胶圈紧贴在阀芯底端面形成第二道软密封。

(二)阀门缓压状态

阀门开启,阀芯底端离开阀座端面,底端面接近阀芯套开槽处底边缘时,缓压轴与阀座内径,阀芯外径与阀芯套内径形成一道密封副,此时介质没有直接放空泄压,起到缓压作用。

(三)阀门节流状态

阀芯上移,放空时高速流体经缓压后直接冲刷缓压轴底侧、阀芯底端与阀芯套开槽处形成的窗口流道,由于阀芯套口边缘是节流面,高压气体主要冲刷节流通道,阀芯底端面因介质流向改变产生涡流,减缓了介质对阀芯底端面的冲刷,从而使开槽处下部的阀座密封副避开了介质的直接冲刷。

(四)阀门全开状态

阀芯上移至阀芯套开槽处上端时,放空处于中后期,压力降低,流体在阀门中阻力较小,缩短了放空时间,提高了放空效果。

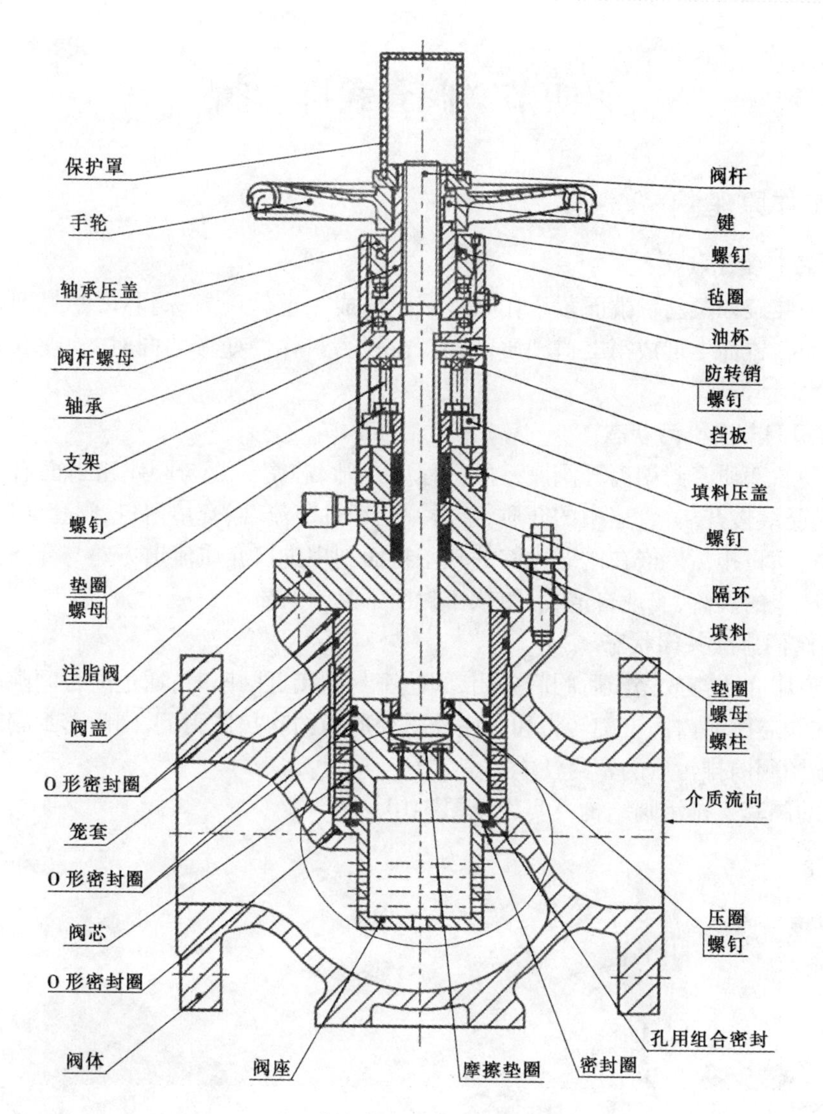

(a)节流截止放空阀结构图

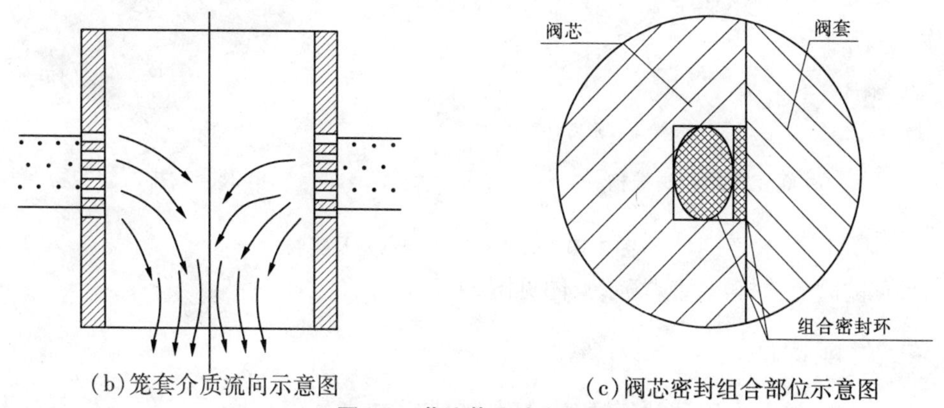

(b)笼套介质流向示意图　　(c)阀芯密封组合部位示意图

图3-9　节流截止放空阀

第四节　阀套式排污阀

一、工作原理

（一）阀门关闭状态

阀芯内腔聚四氟乙烯端面紧压在阀座端面形成一道软密封；阀芯硬密封副内腔锥面压在阀座凸台锥面上形成第二道硬质密封。在软密封弹性变形的同时，软硬双质密封保证气体的“零泄漏”。

（二）阀门节流排污状态

阀芯硬软双质密封副离开阀座一段行程后，即阀芯密封面与阀座密封面有一定空间距离时，阀门缓慢开启，管道中的介质、杂质一同经过节流轴、套垫窗口、阀套窗口节流后，由阀套排污窗口排污。嵌在阀芯内腔的软密封面利用进口介质流道方向与介质流道出口方向改变产生的涡流，实现自清扫，使软密封面不黏附杂质。

（三）阀门排放关闭状态

当管道中介质排放完毕后阀门关闭，阀芯密封副接近阀座时，通过配合间隙的微小颗粒杂质，在阀芯凹面内涡流旋转力和阀座介质径向力的吹扫作用下，阀门密封副完全清扫干净，保证了阀门排污后的密封性能。

常见的阀套式排污阀结构及实物见图3-10。

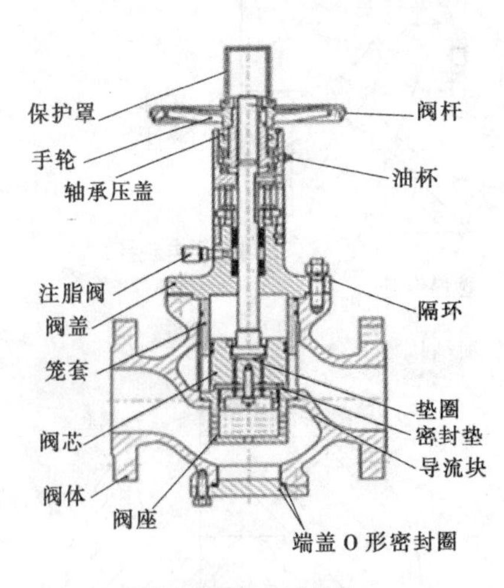

(a) 阀套式排污阀结构

(b) 阀套式排污阀实物

图3-10　阀套式排污阀结构及实物

常见的阀套式排污阀现场示意图见图3-11。

二、性能特点

(1) 阀芯、阀座采用硬软双质密封副，能满足在高压气体介质工作条件下的“零泄漏”。

图 3-11 阀套式排污阀现场示意图

(2)阀芯密封副与阀座密封副都利用介质压力,在开启排放和关闭时实现自动清扫功能,满足排污的工况要求。

(3)阀门内部设计有阀座喷嘴、节流轴、套垫窗口和阀套窗口。排污时对流经阀门的介质起到多级节流缓压作用,利于管道排污装置的安全运行和现场操作控制。

(4)阀芯设有两道 O 形圈,且在两道 O 形圈间设有贮渣槽,贮渣槽下端 O 形圈使阀芯在阀套内腔上下移动实现自动除渣。

(5)阀门设有缓压空行程,使阀芯离开阀座足够空间距离时,才开始实现节流、排污,既满足了特殊工况的使用,又改善了密封面排污时的工作条件,延长了阀门的使用寿命。

(6)阀杆上装有注脂嘴,保证阀杆处不泄漏和延长阀杆使用寿命。

(7)该阀下部设有排污孔,必要时可以打开下盖清理阀内污物。排污阀下部不宜在径向设置孔径较小的排污孔,一则阀门不宜在带压状态下从底部径向排污,容易伤人;二则沉积在阀门底部的杂质颗粒直径较大(微粒杂质排放时在介质压力作用下已排出阀体下腔),排污孔较小不能满足其使用条件。一般清理时泄压后打开下盖即可。

三、维护保养

(1)本阀在使用过程中应定期在阀杆与螺套梯形螺纹处加注润滑油脂。

(2)在拆卸检查时,应注意阀体及阀座间的软密封。检查阀芯内腔的氟塑料是否损坏,若有损坏则须更换。

(3)阀门在使用中如出现内漏,可旋转手轮连续启闭几次,让介质吹扫阀芯阀座密封面,保证密封面清洁,再投入使用。

(4)使用过程中,如阀芯软密封垫损坏,可拆下上阀盖螺栓,取出阀芯总成,松开阀芯底端软密封垫紧固螺钉,换上新的软密封垫,装好后即可满足使用要求。更换软密封垫后的排污阀节流、降压、排污性能使用如初。

四、阀套式排污阀常见故障及处理

(一)阀套式排污阀的阀杆处锈蚀

1. 故障原因

空气湿度大,雨雪后积水。

2. 处理方法

(1)对锈蚀处进行除锈,后涂润滑油。

(2)定期对阀杆处进行润滑,并定期活动阀门。

(二)阀套式排污阀内漏

阀瓣和阀座密封面间渗漏,有可能使高压气体进入排污管,造成事故。

1. 故障原因

(1)密封面有污杂物黏附。

(2)密封面磨损,冲蚀损坏。

(3)关闭力矩过大使阀瓣受力变形。

2. 处理方法

(1)清除污黏物。

(2)更换阀瓣。

(3)重新研磨密封面进行堆焊及加工至密封面达到要求。

(三)阀杆填料处渗漏(外漏)

1. 故障原因

(1)填料压盖未压紧。

(2)填料磨损。

(3)阀杆与填料接触的表面受到损坏。

2. 处理方法

(1)可均匀地将压紧填料压盖的螺母拧紧。

(2)适当增加填料。

(3)修磨阀杆表面或更换阀杆。

(四)阀杆升降不灵活

1. 故障原因

(1)填料压盖未压紧。

(2)转动部位有夹杂物。

(3)阀杆弯曲。

2. 处理方法

(1)适当紧固填料压盖。

(2)清除夹杂物并涂润滑脂。

(3)校正或更换阀杆。

第五节 止回阀

一、止回阀的结构

止回阀是利用止回机构阻止流体介质倒流的自动启闭的阀门。图 3-12 为止回阀示意图。

根据结构形式的不同,止回阀可分为直通升降式和旋启式两种。

(一)直通升降式止回阀

直通升降式止回阀如图3-13所示,由阀体、阀瓣和阀盖等构成。当流体由左向右流动时,阀瓣下面的压力大于其上面的压力,当压差能克服阀瓣自重时,推动阀瓣沿阀盖衬套孔中心线上升,阀门自动开启,从而使气体流过。

图3-12　止回阀示意图

当阀瓣上下两面的压差逐渐减小到不足以克服其自重时,阀瓣沿衬套孔中心线下降,截断流通通道,阀门自动关闭,流体流动停止。

当流体欲从右向左流动,即欲倒流时,则阀瓣上面压力大于其下面的压力,上下压差使阀瓣压紧在阀座上,流体不通过,即不能倒流;而且流体压力越大,阀瓣上下压差也越大,密封面压得越紧。

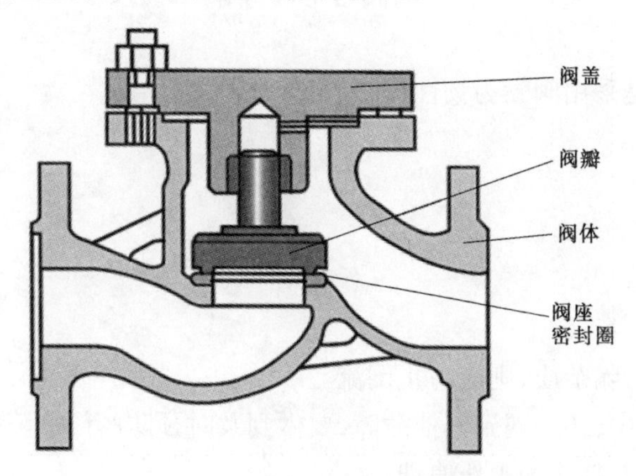

图3-13　直通升降式止回阀结构图

(二)旋启式止回阀

旋启式止回阀如图3-14所示,主要由阀体、阀瓣、摇杆、销轴、阀盖等构成。阀瓣与摇杆连在一起,摇杆和阀瓣可绕销轴旋转一定的角度。图中阀瓣的位置为关闭状态,当流体从左向右流动时,阀瓣左侧压力高于其右侧压力,在压差作用下阀瓣被推离阀座,绕销轴转到某一位置,阀门处于开启状态。

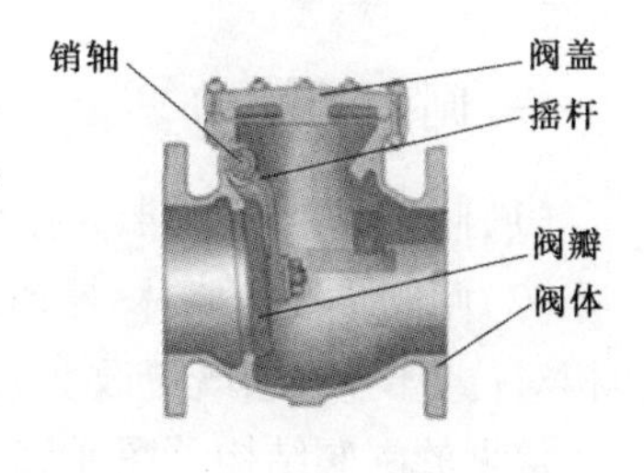

图3-14　旋启式止回阀结构图

当阀瓣两侧面压差减小到一定值时,阀瓣下落,又回到关闭状态。

当流体欲反向流动,即从右向左流动时,则阀瓣右侧压力高于左侧压力,两侧的压力差将阀瓣紧紧地压在阀座上,流体不能通过阀门,即流体不能倒流。

二、止回阀的特点

(1)直通升降式止回阀的阀体形状与截止阀一样(可与截止阀通用),因此它的流体阻力系数较大。

(2)旋启式止回阀,阀瓣围绕阀座外的销轴旋转,多制成大公称直径,安装不受限制,应用较为普遍。

三、止回阀常见的故障

(一)阀瓣打碎

1. 故障原因

止回阀前后介质压力处于接近平衡而又互相“拉锯”的状态,阀瓣经常与阀座拍打,某些脆性材料(如铸铁,黄铜等)做成的阀瓣常被打碎。

2. 处理方法

可预防的办法是采用阀瓣为韧性材料的止回阀。

(二)介质倒流

1. 故障原因

(1)密封面破坏。

(2)夹入杂质。

2. 处理办法

修复密封面和清除杂质,则能防止倒流。

注:在实际生产中,还会遇到其他故障,要做到及时预防阀门故障的发生,最根本的方法是熟悉阀门的结构、材质和工作原理。

第六节　闸　阀

一、闸阀的结构

(1)闸阀是由阀杆带动闸板做升降运动,利用闸板和阀座来控制启闭的阀门。

(2)闸阀主要由阀体、阀座、闸板、阀杆、填料箱填料压盖等构成,依靠闸板与阀座之间相对位置的改变,既可改变通道大小又可截断通道。

常见的闸阀结构见图3-15。

二、闸阀的分类

(一)根据闸板的结构形状分类

根据闸板结构形状的不同,将闸阀分为楔式闸阀和平行式闸阀。

1. 楔式闸阀

闸板密封面与闸板垂直中心线有一定倾角,称为楔半角。

(a) 闸阀实物

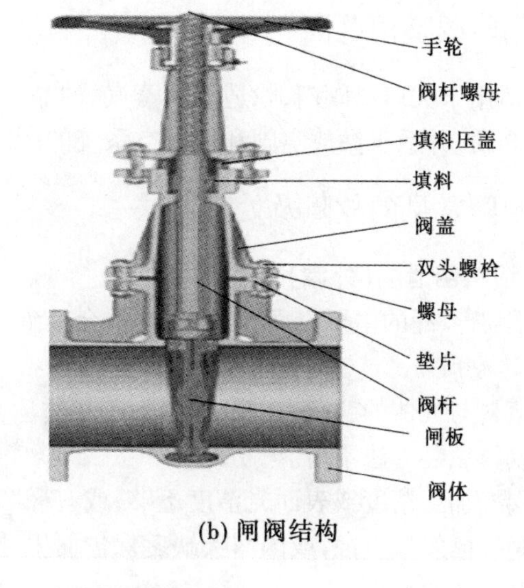

(b) 闸阀结构

图 3-15　闸阀结构及实物

2. 平行式闸阀

闸板的两个密封面平行，阀座密封面垂直于管道中心线。

(二)根据闸板启闭时阀杆的运动情况分类

根据闸板启闭时阀杆的运动情况，闸阀可分为明杆式闸阀和暗杆式闸阀。

1. 明杆式闸阀

转动手轮时，带动阀杆运动，阀杆带动闸板同时在做上升和下降运动，完成阀门的开启和关闭。

2. 暗杆式闸阀

转动手轮时，带动阀杆运动，阀杆仅做旋转运动，只有闸板在做上升和下降运动，完成阀门的开启与关闭。

三、闸阀的特点

闸阀在管路中主要作切断用，一般口径 $DN \geqslant 50$ mm 的切断装置多选用它，有时口径很小的切断装置也选用闸阀。

(一)闸阀的优点

(1)流体阻力小。

(2)开闭所需外力较小。

(3)介质的流向不受限制。

(4)全开时，密封面受工作介质的冲蚀比截止阀小。

(5)体形比较简单，铸造工艺性较好。

(二)闸阀的不足之处

(1)外形尺寸和开启高度都较大，安装所需空间较大。

(2)开闭过程中，密封面间有相对摩擦，容易引起擦伤现象。

(3)闸阀一般都有两个密封面，给加工、研磨和维修增加一些困难。

四、闸阀的适用范围

闸阀适用于大口径阀门，除适用于蒸汽、油品等介质外，还适用于含有粒状固体及黏度较大的介质，并适于做放空阀和低真空系统的阀门，安装时没有介质流向的限制。

五、闸阀常见的故障及处理办法

（一）填料函泄漏（外漏）

这是跑、冒、漏的主要方面，生产中经常会遇到。

1. 故障原因

（1）填料与气体的腐蚀性、温度、压力不相适应。

（2）填料填装方法不对。

（3）阀杆加工精度或表面光洁度不够，或有椭圆度，或有刻痕。

（4）阀杆已发生点蚀，或因露天缺乏保护而生锈。

（5）阀杆弯曲变形。

（6）填料使用太久已经老化。

（7）操作太猛。

2. 处理办法

正确更换填料，若不能使用，则返厂维修。

（二）闸板关闭不严

1. 故障原因

（1）闸阀阀体下部污物较多。

（2）闸阀阀体内结冰。

2. 处理办法

（1）清理阀体内污物。

（2）将阀体进行加热。

（三）闸阀手轮（手柄）无法转动

1. 故障原因

阀门长期未进行开关，处于锈死状态。

2. 处理办法

在阀杆处进行注油、注脂。

第七节　安全阀

安全阀是自动阀门，它不借助于任何外力，利用介质本身的压力来排出一定量的流体，以防止系统内压力超过预定的安全值。当压力恢复到安全值后，阀门再自行关闭以阻止介质继续流出。

一、按开启高度分类

安全阀可按开启高度分为全启式安全阀和微启式安全阀。

全启式安全阀阀瓣开启高度大于或等于阀座喉部直径的1/4；微启式安全阀阀瓣开启高度大于或等于阀座喉部直径的1/40～1/20。

二、按安全阀结构分类

安全阀按结构分为杠杆重锤式安全阀、弹簧式安全阀和先导(脉冲)式安全阀。

(一)杠杆重锤式安全阀

杠杆重锤式安全阀由阀体、阀座、阀瓣、导向套筒、阀杆、杠杆、重锤、阀盖等构成，重锤通过杠杆加载于阀瓣上，平衡阀瓣下介质压力所产生的向上作用力。重锤重力和杠杆力臂长度是根据开启压力大小确定的，调整好后加防护罩。

介质压力小于开启压力时，阀门处于关闭状态；当达到开启压力时，介质对阀瓣向上作用力稍大于重锤通过杠杆经阀杆向下作用于阀瓣上的力，阀瓣离开阀座，介质泄出，系统或设备内压力下降，恢复正常工作压力，此时阀瓣受到向下的作用力稍大于向上的作用力，阀门自动关闭。

(二)弹簧式安全阀

弹簧式安全阀主要由阀体、阀座、阀瓣、阀杆、阀盖、导向阀、安全护罩组成，如图3-16所示。

弹簧式安全阀是利用弹簧压紧力来平衡介质内压的，根据开启压力来调节弹簧压紧程度。

系统或设备内压力达到开启压力之前，安全阀处于关闭状态。当压力由于某种原因升到开启压力时，作用在阀瓣下面的向上推举力能克服弹簧通过阀杆向下的作用力，弹簧被压缩，阀瓣离开阀座，阀门自动开启，系统或设备内的压力介质泄出。

随着介质的泄出，系统或设备内的压力下降到回座压力，弹簧对阀瓣向下的力大于介质压力对阀瓣向上的力，弹簧伸长，阀瓣回落到阀座上，阀门自动关闭。

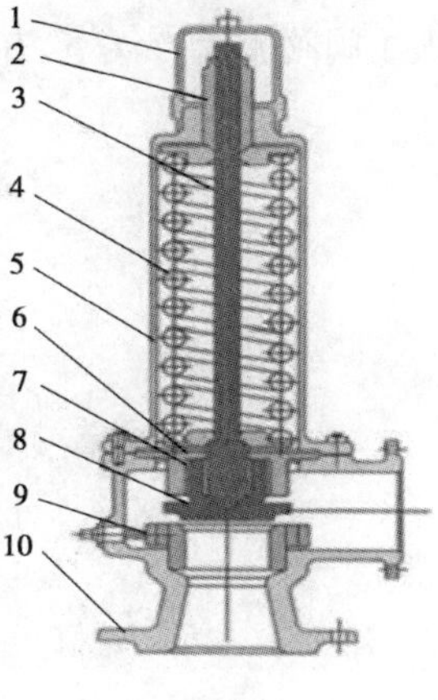

1—保护罩；2—调整螺杆；3—阀杆；4—弹簧；5—阀盖；6—导向套；7—阀瓣；8—反冲盘；9—调节环；10—阀体

图3-16　弹簧式安全阀结构图

(三)先导(脉冲)式安全阀

1. 工作原理

当被保护系统处于正常运行状况时，导阀阀瓣处于关闭状态。系统压力从主阀进口通过导管和导阀传入主阀阀瓣(活塞)上方气室。由于活塞面积大于阀瓣密封面面积，系统压力对阀瓣产生一个向下的合力，使主阀处于关闭、密封状态。

当系统压力升高达到整定压力时，导阀开启，同时滑阀向上移动封闭导阀的进气通道。主阀阀瓣上方气室的介质经由打开的导阀排出，使主阀阀瓣上方压力降低。主阀阀瓣在进口压力的推动下打开而使系统卸压(见图3-17)。

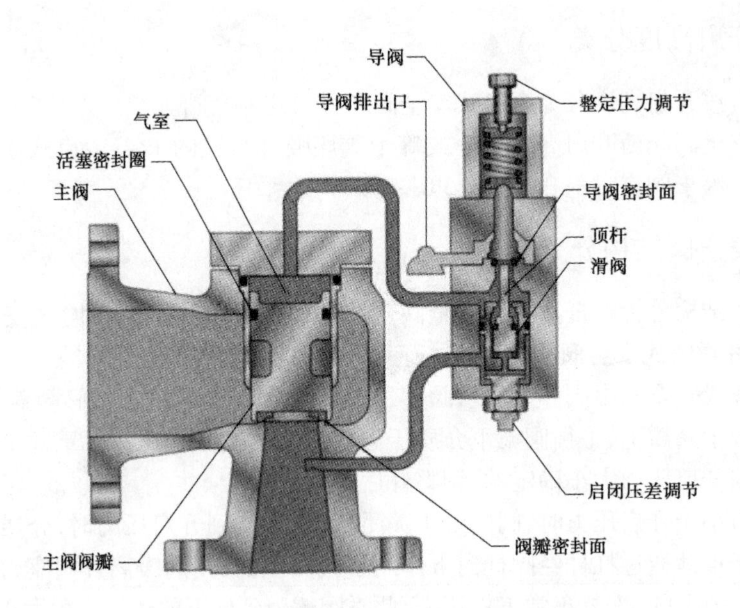

图 3-17　先导(脉冲)式安全阀关闭示意图

当系统压力降低到一定值时,导阀回座并带动顶杆顶开滑阀,系统压力再次通过导阀传入主阀阀瓣上方气室,并推动主阀阀瓣关闭(见图 3-18)。

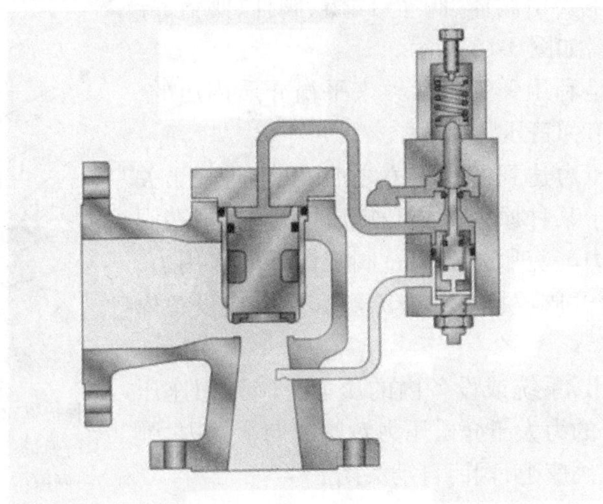

图 3-18　先导(脉冲)式安全阀开启示意图

2. 特点

(1)动作性能和开启高度不受背压的影响。

(2)采用软密封材料,且主阀为压力密封结构,保证了阀门在动作前后的良好密封性,且系统工作压力可以更接近安全阀整定压力。

(3)能在较小的超过压力下使主阀达到全开启。

(4)动作过程中通过导阀的介质流量较小,流速较低,减少了脏物进入导阀的可能性。

（5）可方便地对整定压力及启闭压差进行调整。

3. 调整和使用

（1）阀门的整定压力可在一定范围内通过旋转调整螺杆，改变弹簧的预压缩量来加以调整。每次调整后，应用螺母将调整螺杆锁紧。

（2）阀门的启闭压差可在一定范围内利用滑阀下阀座进行调节。当滑阀下阀座旋转向上时，启闭压差减小；旋转向下时，启闭压差增大。每次调整后，应用螺母将滑阀下阀座锁紧。

（3）放气阀作为一个辅助的开阀机构，在正常状况下处于常闭状态。当打开放气阀时，可以手动强制开启主阀。

4. 先导式安全阀的安装要求

（1）安装前必须仔细校对阀门上的标志和铭牌是否与使用要求符合。

（2）先导式安全阀应直立安装，进口端平面应保持水平位置，并最好直接安装在容器或管道的接头上。接头应尽可能地短，内径应不小于先导式安全阀的公称通径。

（3）先导式安全阀排放接管的内径应不小于出口通径，并尽可能地短，尽可能地减少弯头，使排放介质流经的阻力尽可能地小。

（4）安装排放接管时应避免管道载荷或热应力附加到阀门上。

（5）尽可能地保持介质清洁，可安装过滤器。

（6）系统运行时在阀门出口端会出现负压的工况情况或背压超过系统运行压力，阀门需要安装回流器。

先导式安全阀的拆卸：首先关闭上下游球阀，接着打开安全阀上流管段泄压放空，拆除各锁栓时应对角进行放松，并同时松在一个范围内，清理法兰断面，用盲板将两侧的管口盲死。

输气场站常见的安全放散阀安装图见图3-19。

拆卸先导式安全阀前，首先关闭根部球阀，进行拆卸作业

图3-19　安全放散阀安装图

5. 先导式安全阀常见故障及处理办法

1) 回座压力低于标准规定值

(1) 故障原因。实际工况条件未完全符合先导式安全阀的安装要求。

(2) 处理办法。向上调节滑阀下阀座。

2) 超过或未达到整定压力开启

(1) 故障原因。弹簧压力级别选择不当或因工况需要改变原整定压力,而改变后的定压值已超过原选用弹簧的适用范围。

(2) 处理办法。更换合适的弹簧。

3) 导阀超压不动作

(1) 故障原因。导阀密封面锈蚀或材料变形,导阀导管堵塞,导阀弹簧过紧。

(2) 处理办法。需运回生产厂进行整修。

4) 主阀导阀密封面间发生超过标准允许的泄漏

(1) 故障原因。密封面间有污物。

(2) 处理办法。通过开启导阀的放气阀,使主阀打开将污物排去,如仍排不走污物,则需解体阀门清洗密封圈。

2 输气生产常用设备的运行维护及操作

第四章 过滤分离设备

常用的燃气分离除尘设备有分离器、气体过滤器。天然气集输系统中所使用的分离设备种类繁多,分离器根据作用原理的不同可分为重力式分离器和旋风式分离器。

第一节 重力式分离器

一、重力式分离器的功能

当介质在分离设备中进行分离时,应当完成四个操作要求(功能):

(1)油和气或气和液的基本“相”分离——基本相分离段;

(2)脱除气相中所夹带的液沫(雾状)——重力沉降段;

(3)脱除液相中所包含的气泡——除雾段或聚集段;

(4)从分离器内分别引走已经分离出来的气相和液相,不允许它们有彼此的重新夹带、掺混的机会——液体收集和引出段。

二、重力式分离器的分类

重力式分离器的主要分离作用都是利用气体与液体、固体的密度不同而受到的重力的不同实现分离的。

重力式分离器根据流体流动方向和安装形式可分为卧式分离器和立式分离器;按分离设备的功能不同可分为油气两相分离器、油气水三相分离器。

(一)两相立式分离器

立式两相分离器的主体——立式筒体,气流一般从该筒体的中段进入,顶部为气流出口,底部为液体出口,结构与分离过程如图 4-1 所示。

初级分离段(即气流入口处)——气体进入筒体后,由于气流速度突然降低,呈股状的液体或大的液滴由于重力作用被分离出来直接沉降到积液段。为了提高初级分离的效果,常在气液入口处增设入口挡板或采用切线入口方式。

二级分离阶段(即沉降段)——经初级分离后的天然气气流携带着较小的液滴向气流出口以较低的流速向上流动。此时,由于重力的作用,液滴则向下沉降与气流分离。

除雾段——主要设置在紧靠气体流出口前,用于捕集沉降段未能分离出来的微小液滴。微小液滴在此发生碰撞、凝聚,最后聚集成较大液滴下沉至积液段。

积液段——主要收集液体。一般积液段还应该有足够的容积,以保证溶解在液体中

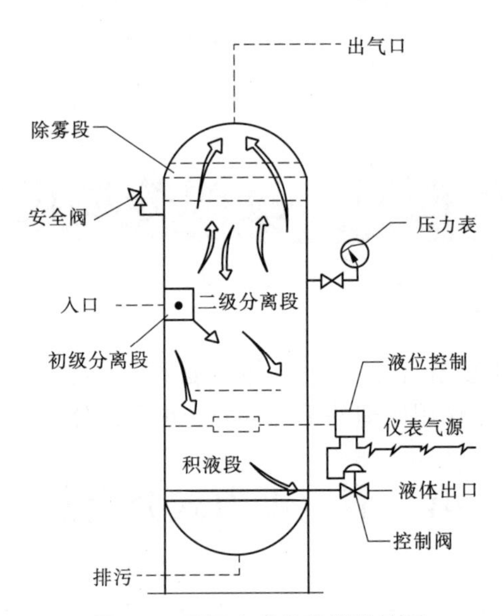

图 4-1　两相立式分离器结构图

的气体能脱离液体而进入气相。为了防止排液时的气体旋涡，除保留一段液封外，也常在排液口上方设置挡板类的破涡装置。

立式分离器占地面积小，易于清除筒内污物，便于实现排污与液位自动控制，适于处理较大含液量的气体。

（二）卧式两相分离器

卧式两相分离器的主体——卧式圆筒体，气流一端进入，另一端流出。其作用原理与立式分离器大致相同，结构与分离过程如图 4-2 所示。

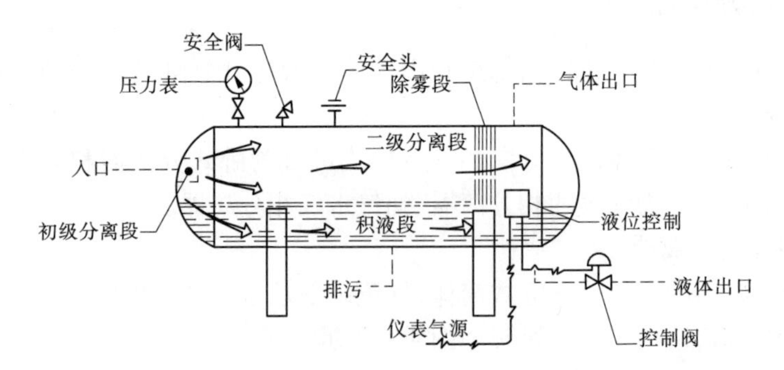

图 4-2　两相卧式分离器结构图

（三）立式三相分离器

图 4-3 为立式三相分离器的结构图。流体经过侧面的入口进入分离器，在入口挡板处，流体分离出大量的气体。分离出的液体经降液管出口处的分配器进入油水界面，气体从此处上升，油、水也由于重力的原因分别向上、向下运动，从而最终达到分离油、气、水的目的。连通管上下的压力通过连通管平衡。结构与分离过程如图 4-3 所示。

（四）卧式三相分离器

图 4-4 为槽内油面由液位控制器操纵的出油阀控制。水在油槽下面流过，经水堰板

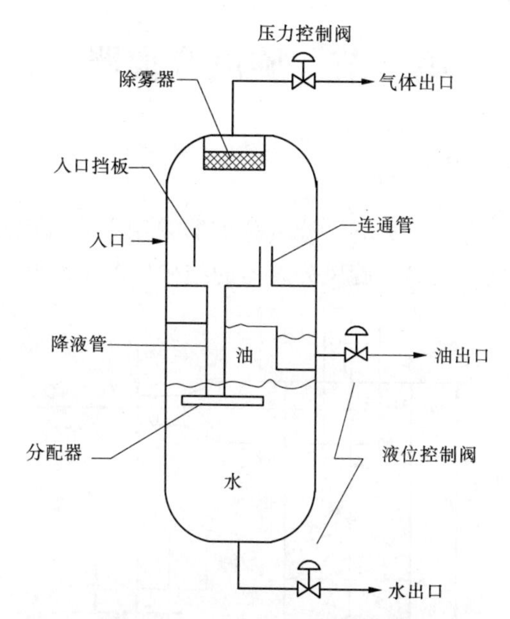

图 4-3　立式三相分离器结构图

流入水室，水室的液面由液面控制器操纵的排水阀控制。通常将油堰板和水堰板做成可调高度的堰板，在油水密度或流量改变时进行调节，以保持一定的油层厚度和油在分离器内的停留时间，使油中的水珠能沉降至分离器底部的水层中。结构与分离过程如图 4-4 所示。

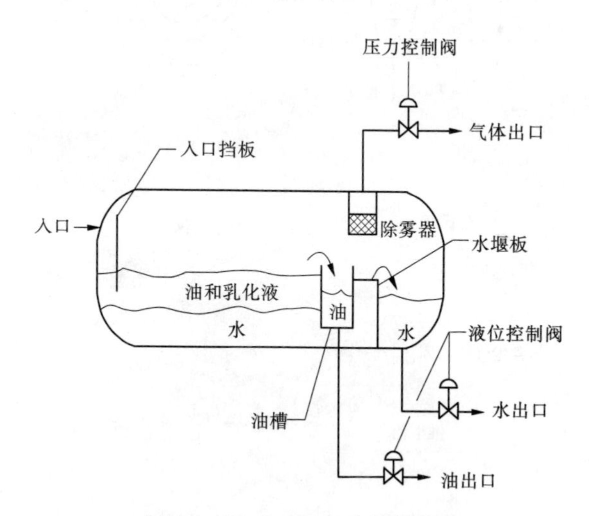

图 4-4　卧式三相分离器结构图

第二节　旋风分离器

一、旋风分离器的工作原理

旋风分离器又叫做离心式分离器。旋风分离器采用立式圆筒结构，内部沿轴向分为集液区、旋风分离区、净化室区等。旋风分离器的结构如图 4-5 所示。

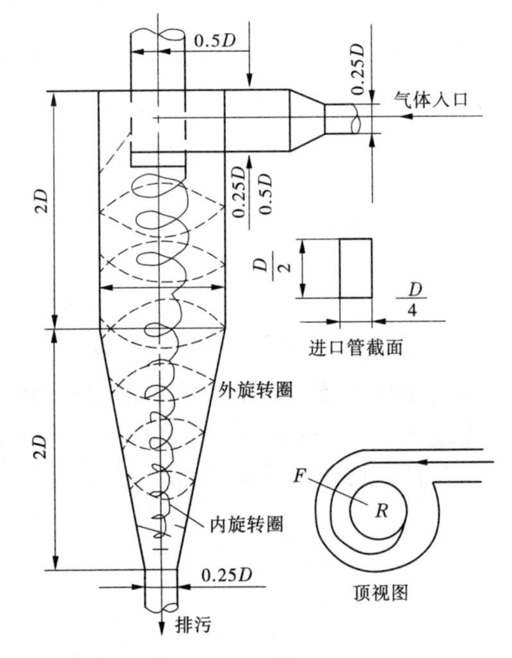

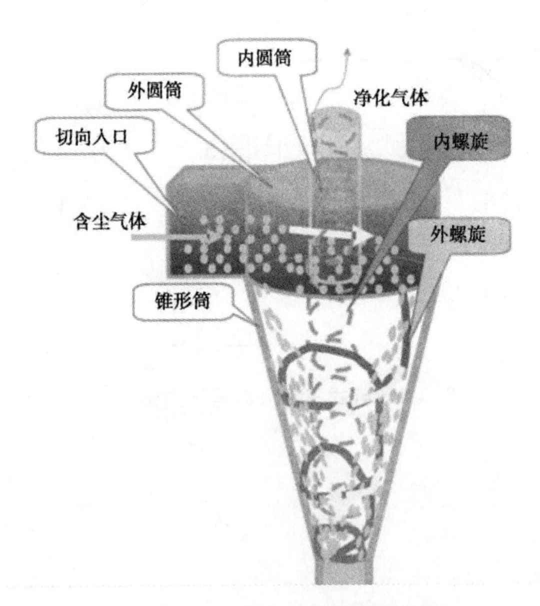

图 4-5　旋风分离器的结构图

净化天然气通过设备入口进入设备内旋风分离区,当含杂质气体沿轴向进入旋风分离管后,气流受导向叶片的导流作用而产生强烈旋转,气流沿筒体呈螺旋形向下进入旋风筒体,由于质量的不同,质量大的液滴和尘粒在离心力作用下被甩向外圈,而气体处于内圈,从而实现了气体与杂质的初步分离,并在重力作用下,杂质沿筒壁下落流出旋风管排尘口至设备底部储液区,从设备底部的出液口流出。旋转的气流在筒体内收缩向中心流动,向上形成二次涡流经导气管流至净化天然气室,再经设备顶部出口流出。

二、旋风分离器的用途

旋风分离器的主要功能是尽可能地除去输送介质气体中携带的固体杂质和液滴,达到气、固、液分离,以保障管道和设备的正常运行,被广泛用于各种输气站场。

在设计压力及进气量充足的情况下,分离效果可以达到83%,是一种结构简单、操作方便、耐高温的分离器,它的分离效果与进气口气体的速度有很大关系。旋风分离器实物图如图4-6所示。

(a)

(b)

图4-6　旋风分离器实物图

三、旋风分离器的检修操作

(一)准备工作

(1)清洗维护前向调控中心或有关领导申请,批准后方可实施清洗维护操作。

(2)准备安全警示牌、可燃气体检测仪、隔离警示带等。

(3)检查分离器和排污罐区周围情况,杜绝一切火种火源。

(4)检查、核实排污罐液面高度。

(5)准备相关工具。

(二)旋风分离器的检修维护操作

(1)关闭分离器进出口球阀。

(2)排污操作需一人操作一人监护,遵循离线操作,将分离器截断,放空压力降至0.1 MPa,排污同时观察排污池液位变化,且排污池周围50 m不能有明火。打开排污阀,按排污程序将分离器内的污物排净,然后排出分离器内的压力,直至压力表读数为零。

(3)拧松旋风分离器,清扫孔盲板螺母,查看是否漏气。

(4)用高压水从注水管线处注入,将分离器中的 Fe_2S_3 粉和泥沙清理干净。

(5)检查内部的各组件是否堵塞,特别是旋风子和隔板,看是否有损坏或过度磨损、腐蚀的现象,更换已破坏或磨损的部件。

(6)清理内部构件,特别要注意检查旋风子及立管流道是否畅通,隔板有无腐蚀穿孔或其他泄漏情况,保证构件间的内部密封可靠,不出现气体短路现象。

(7)仔细检查分离器的内部构件,确保组件齐全、安装正确。

(8)清理完毕后,应对分离器内部进行充分干燥。干燥结束后盖好盖子,清除盲板及压圈接触面的污物、锈渍,涂润滑脂,更换缠绕垫片,并关上盲板,检查盲板上沿是否和分离器入孔上沿平齐,否则调整盲板;上好螺栓和拧紧螺母,关闭排污阀。

(9)打开分离器上游阀门对分离器进行置换,将空气置换干净,检查是否漏气,如果漏气,则进行紧固。

(10)关闭分离器上游阀门及排污阀,作为备用,或恢复分离器生产工艺流程。

(11)整理工具、收拾现场。

(12)向调控中心汇报清洗维护操作的具体时间和清洗维护情况。

(三)注意事项

(1)打开盲板进行 Fe_2S_3 粉和泥沙的清理时应采用湿式作业,防止 Fe_2S_3 粉自燃;同时操作人员要采用必要的防护措施,现场要有人员监护作业。

(2)做好清洗维护的记录,以便确定清洗维护的周期。

(3)旋风分离器正常投产后,一般每年停运检查一次。

(4)如果为投产初期,应根据具体情况及时进行旋风分离器的排污,为下游过滤式分离器的工作提供良好的环境。现场应准备充足的备品备件,以便随时更换。

第三节　卧式过滤分离器

一、卧式过滤分离器的工作原理

当含有水的天然气进入干式过滤器时,玻璃纤维被液体湿润而静电效应显著降低,干式过滤器的过滤效果也降低。为此,可使用过滤分离器来脱除含水天然气中的液固体杂质。

常见的卧式过滤器结构图和卧式过滤器实物图分别见图 4-7 和图 4-8。

天然气从入口进入,气体首先撞击在支撑滤芯的支撑管(避免气流直接冲击滤芯,造成材料的提前损坏)上,较大的固液颗粒被初步分离,并在重力作用下沉降到容器底部(定期从排污口排出)。接着气体从外向里通过滤芯,固体颗粒被过滤介质截留,液体颗粒则因过滤介质聚结功能而在滤芯的内表面逐渐聚结长大。当液滴到达一定尺寸时会因气流的冲击作用从内表面脱落出来而进入滤芯内部流道而后进入汇流出料腔。在汇流出料腔内,较大的液珠依靠重力沉降分离出来。此外,在汇流出料腔,还设有分离元件,它能有效地捕集液滴,以防止出口液滴被夹带,进一步提高分离效果。最后洁净的气体流出过

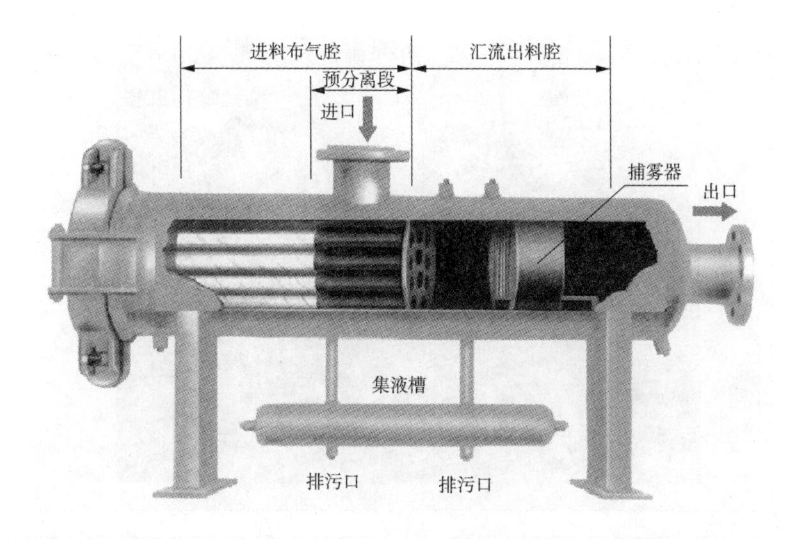

图 4-7　卧式过滤分离器结构图

图 4-8　卧式过滤分离器实物图

滤分离器。随着燃气通过量的增加，沉积在滤芯上的颗粒会引起燃气过滤器压差的增加，当压差上升到规定值（从压差计读出）时，说明滤芯已被严重堵塞，应该及时更换，如图 4-9、图 4-10 所示。

二、卧式过滤分离器的用途

卧式过滤分离器常用于一些对天然气质量要求较高的场所，如分输站计量调压设备前和压气站压缩机进口阀前，常与旋风分离器串联使用。

图 4-9　卧式过滤分离器更换下的滤芯

图 4-10　卧式过滤分离器的滤芯实物图

三、卧式过滤器的操作

(一)流程切换操作

当工作路过滤器出现故障,需对过滤器进行检修时,应采取切换流程操作。

(1)检查备用路阀门的启闭状态,对其进行放空、排污操作。

(2)缓慢开启备用路进口阀门,待压力与进气压力相同并稳定后,用肥皂水对其管件接触处进行验漏。

(3)验漏合格后,缓慢开启备用路出口阀门,确保能够安全平稳地为下游供气。

(4)开启差压表下的平衡阀,打开高压腔进气阀,再打开低压腔出气阀,最后关闭差压表下的平衡阀。

(5)对备用路再进行一次验漏。

(6)缓慢关闭工作路进口阀。

(7)缓慢关闭工作路出口阀。

(8)打开差压表下的平衡阀,再关闭差压表的高压腔进气阀,关闭差压表的低压腔出气阀,最后关闭差压表下的平衡阀。

(9)放空过滤器内的气体,当压力降至0.1 MPa以下时,关闭放空阀,打开排污阀对筒内进行排污,直至排污完成,打开放空阀,直至压力为零。

(10)打开过滤器,对过滤器进行检修。

(11)工具整理完好,摆放整齐。

(二)更换滤芯操作

1. 穿戴好劳保防护用品

更换滤芯前应穿戴好劳保防护用品。

2. 工具、用具准备

准备好防爆活络扳手或防爆套筒扳手、注水设备、注氮设备、防爆铲、气检仪、验漏壶、棉纱、润滑脂、更换的滤芯若干、消防设施等。

3. 需更换滤芯的依据

当过滤器进出口压差大于50 kPa时需更换滤芯。

4. 切换流程

对备用路进行检查,切换至备用流程,关闭供气路过滤器的进出口阀门。

5. 过滤器筒体进行放空

打开过滤分离器的放空阀进行放空,确认压力表指示是否为零,确认快开盲板安全锁芯是否为缩进状态。

6. 注氮置换

打开注氮阀连接注氮置换。放空管进行放空,压力表放散口处进行检测,合格后停止注氮(检测氧气体积含量小于2%)。

7. 注水排污

打开注水阀连接水管进行注水，注水量要适量，打开排污阀进行排污，完成后关闭排污阀。

8. 开启快开盲板

(1)旋松报警螺杆，观察有无气体漏出，用气检仪进行检测，无气体后完全旋松报警螺杆并取下报警螺杆。

(2)将报警螺杆拧在安全镶块上，取下安全镶块。

(3)一手逆时针搬动盲板加力杆使锁环缩回脱离筒体，一手握住盲板手柄向外开启盲板，开启后将锁环归位。

9. 更换滤芯

(1)用防爆扳手或防爆套筒扳手将支撑滤芯的螺栓对角拧下，拿出滤芯。

(2)用水冲洗筒体，清除筒体内的污物，打开排污阀排除污物，排污结束后关闭排污阀。

(3)安装新的滤芯，注意将滤芯对正安装，支撑螺栓拧紧。

10. 保养盲板

清理盲板，检查密封圈是否完好，若损坏需更换，在盲板及密封圈上涂抹润滑脂。

11. 关闭盲板

关闭快开盲板，各个部件连接紧固，关闭放空阀。

12. 升压检漏

打开进口阀门，逐步升压，检漏。分三步升压，分别是工作压力的1/3、工作压力的2/3、工作压力，中间稳压30 min，进行检漏。

13. 恢复流程

将流程切换回来，并做好详细记录(滤芯更换日期等)。

14. 整理、回收工具

整理工具，工具归位，清理作业现场。

第四节　干式过滤器

干式过滤器是基于筛除效应、深层效应和静电效应原理来清除气体中的固体颗粒的。干式过滤器结构图和实物图如图4-11所示。

过滤器在筛除效应、深层效应和静电效应的共同作用下，使得过滤器对天然气的分离除尘效果比分离器好。

筛除效应是利用多孔性过滤介质直接拦截固体杂质。

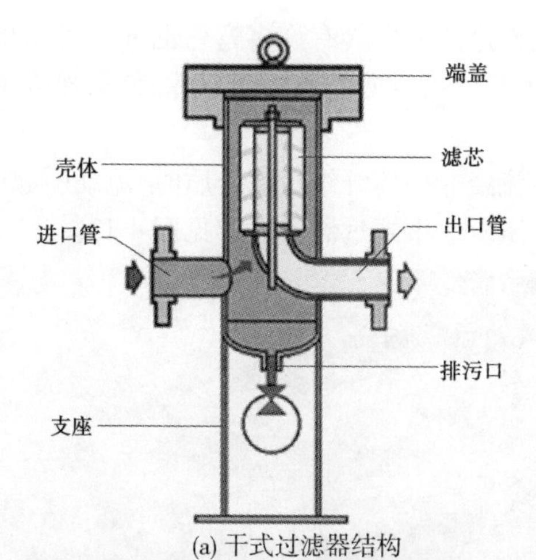

(a) 干式过滤器结构

(b) 法兰式单滤芯过滤器

(c) 易开头式单滤芯过滤器

图 4-11　干式过滤器

深层效应是利用多孔性过滤介质具有许多弯弯曲曲的通道的特性，当含尘的天然气流经这些通道时，气体中的粉尘与过滤介质发生碰撞，使杂质动能减少，直至停留在过滤介质中。

静电效应是根据气体流经非导体纤维过滤介质时，流动引起的电荷会产生静电吸力，使固体杂质吸附在过滤介质上。干式过滤器滤芯见图 4-12。

图 4-12　干式过滤器滤芯

第五章 输气场站调压设备

第一节 调压器概述

一、调压器的功能

配气管网系统的压力工况是利用调压器来控制的,调压器是自动调节燃气出口压力,使其稳定在某一压力范围的降压设备。调压器的作用是根据燃气的需用情况调至不同的压力,并将压力稳定在规定的压力波动范围内,即调压器的功能是降压和稳压。调压器的调压原理如图 5-1 所示。

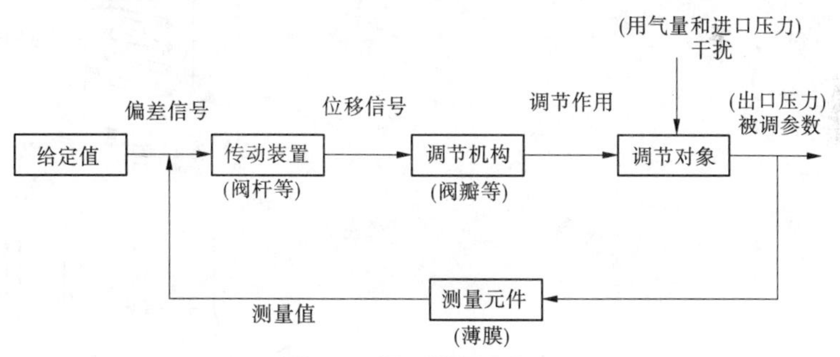

图 5-1 调压器调压原理

二、调压器的组成及基本元件

(一)调压器的组成

(1)敏感元件(感应元件):调压阀中皮膜、薄膜等。

(2)负载元件:阀体中弹簧、重块、指挥器等。

(3)作用元件:阀座和阀芯。

(4)维护元件:调压器的阀体。

(5)信号元件:调压器连接下游管道的信号管。

(二)调压器的基本元件

1. 节流元件

节流元件安装在调压器的流线上,提供一个可变的节流量,以调节通过调压器的流量。典型的节流元件见图 5-2,调压器阀口压力变化见图 5-3。

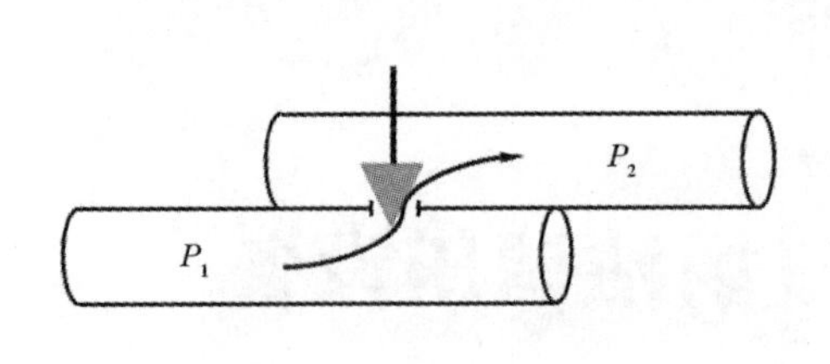

图 5-2　节流元件

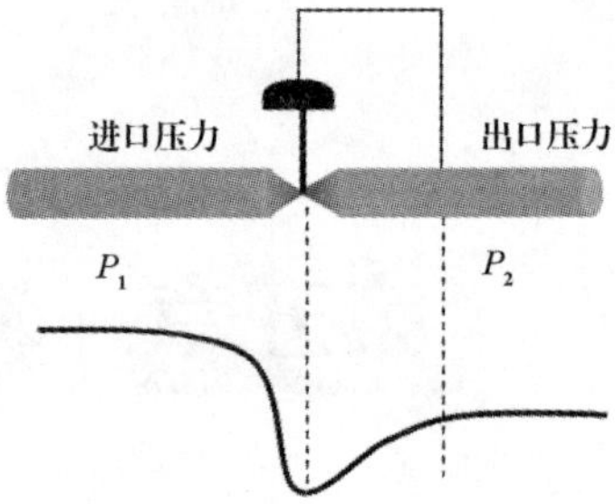

进口压力　出口压力
P_1　P_2

图 5-3　调压器阀口压力变化

2. 荷载元件

荷载元件使节流元件产生流量变化，即改变节流元件的位置，需要一个荷载力。

(1)重量荷载。出口压力的变化可用相对应荷载重量变化的方法来调节，荷载重量的变化决定了出口压力的变化。如重块式调压器(见图 5-4)。

(2)弹簧荷载。弹簧式调压器是最常见的用来平衡薄膜上膜腔和下膜腔荷载的仪器，并用以控制节流元件的位置。调压器中的弹簧使压力调节较为灵敏，在弹簧可伸缩范围内均可调节出口压力的大小，现使用较为普遍(见图 5-5)。

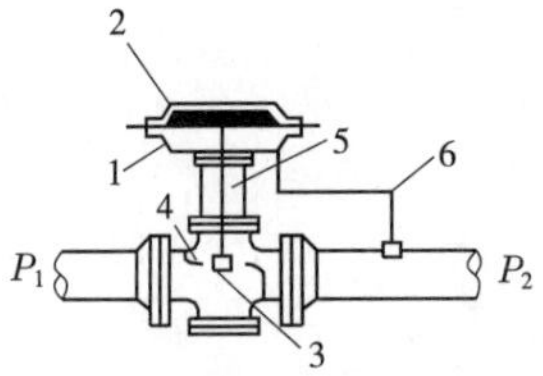

1—薄膜；2—重块；3—节流阀(阀芯)；4—阀座；5—阀杆；6—导压管

图 5-4　重块式调压器结构图

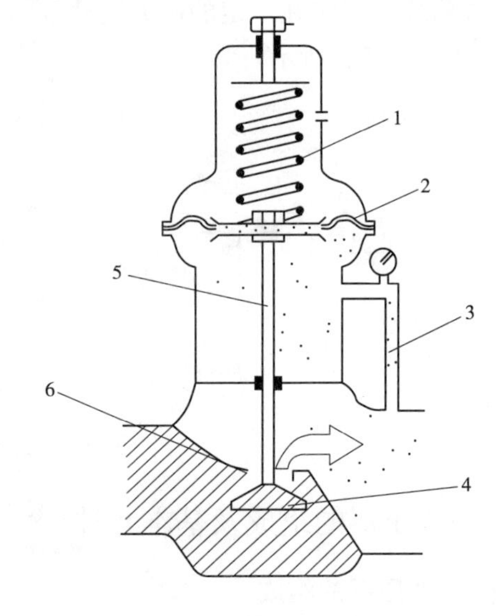

1—弹簧；2—薄膜；3—导压管；4—阀瓣；5—阀杆；6—阀座

图 5-5　弹簧式调压器结构图

(3)压力荷载。压力荷载式调压器可以克服重块式调压器与弹簧式调压器的不足之处，可以适用于较高的出口压力，并达到足够的灵敏度。现广泛用于 CNG 调压器(见图 5-6)。

三、调压器的分类

调压器按照作用方式分类可分为直接作用式调压器和间接作用式调压器。

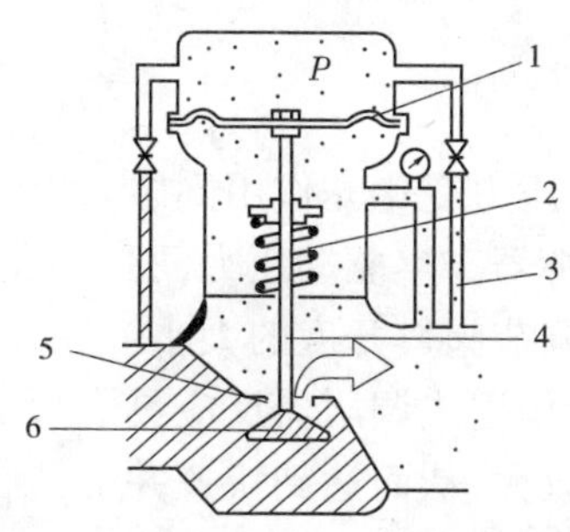

1—薄膜;2—弹簧;3—导压管;4—阀杆;5—阀座;6—阀瓣

图 5-6　压力作用式调压器结构图

(一)直接作用式调压器

直接作用式调压器是出口压力直接作用到调压器的敏感元件(薄膜)上,对调压器的阀口开度进行调节。主要适用于小区供气、直燃机组、燃气锅炉及大型窑炉减压稳压。直接作用式调压器示意图见图 5-7。

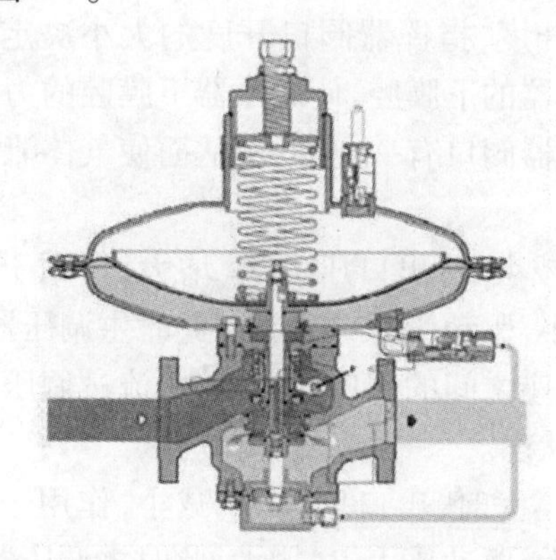

图 5-7　直接作用式调压器示意图

直接作用式调压器的调压原理如下:

(1)出口压力作用于薄膜的下膜腔,与上膜腔的力相平衡。

(2)稳定工作时,出口压力为设定值,调压器阀口有一定的开度。

(3)假设初始状态调压器阀口处于关闭状态,出口压力为零。

(4)调节调压器主弹簧,使调压器薄膜上膜腔的力大于下膜腔的力,薄膜向下移动,带动阀杆向下,此时阀瓣离开阀座,使调压器阀口开度增大,使气体流过调压器,致使调压器阀后压力升高,直至压力调至设定值。

(5)当下游用户用气量增大时,出口压力 P_2 减小,作用于调压器下膜腔的压力减小,下膜腔的力小于上膜腔的力,阀杆带动阀瓣向下移动,阀瓣与阀座的阀口开度变大,通过阀口的气量增多,调压器下游管道气量增多,出口压力 P_2 升高,直至恢复到原设定值达到平衡状态。

(6)当下游用户用气量减少时,出口压力 P_2 变大,作用在调压器下膜腔的压力增大,上膜腔的力小于下膜腔的力,阀杆带动阀瓣向上移动,使阀瓣与阀座的阀口开度变小,通过阀口的气量减少,调压器下游管道气量减少,出口压力 P_2 降低,直至恢复到原设定值达到平衡状态。

(二)间接作用式调压器

间接作用式调压器是出口压力变化先作用到中间操作机构(指挥器)上,使指挥器产生驱动压力,驱动压力作用在调压器上,从而调节阀口开度的大小。间接作用式调压器相对于直接作用式调压器反应灵敏,可将阀后压力变化的信号放大,从而达到快速并准确地将阀后压力稳定到给定值。在输气场站上使用较为普遍。图5-8为间接作用式调压器示意图。

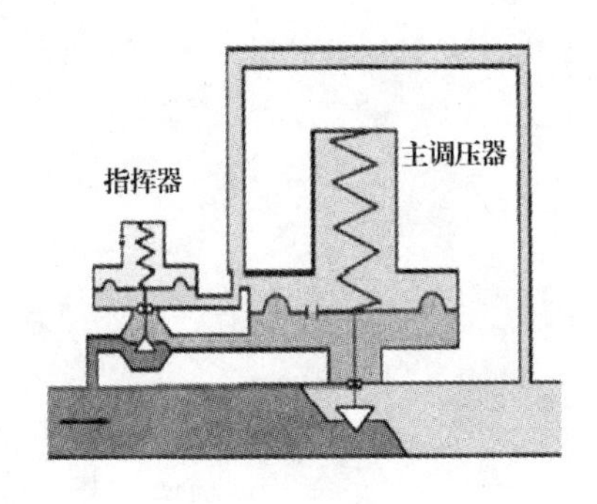

图5-8　间接作用式调压器示意图

间接作用式调压器的调压原理:

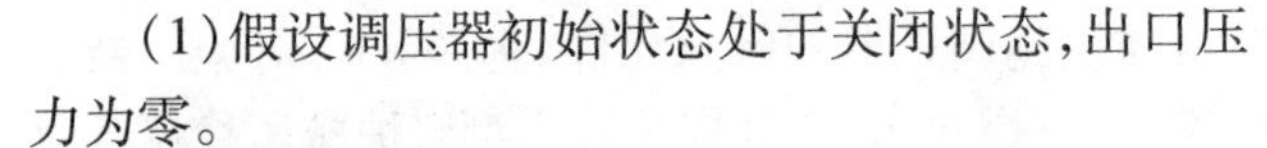

(1)假设调压器初始状态处于关闭状态,出口压力为零。

(2)进口压力进入指挥器,调节指挥器弹簧,将进口压力与指挥器弹簧压力进行比较,使指挥器有一定的阀口开度,指挥器阀口开度的大小决定了驱动压力 P_3 的大小,此时,驱动压力 P_3 进入主调压器的下膜腔,使调压器下膜腔的力大于上膜腔的力,使阀杆向上移动,阀瓣离开阀座,调压器阀口有一定开度,从而使气体流过调压器,直至将压力调至设定值。

(3)当下游用户用气量减小时,出口压力 P_2 增大,作用于指挥器下膜腔的力大于上膜腔的力,指挥器的阀口变小,驱动压力 P_3 减小,此时主调压器上膜腔的力大于下膜腔的力,阀杆向下移动,阀瓣与阀座之间的阀口开度变小,流过调压器的气流变小,使阀后压力降至原给定值,恢复至初始状态。

(4)当下游用户用气量增大时,出口压力 P_2 减小,作用于指挥器下膜腔的力小于上膜腔的力,指挥器的阀口变大,驱动压力 P_3 增大,此时主调压器上膜腔的力小于下膜腔的力,阀杆向上移动,阀瓣与阀座之间的阀口开度变大,流过调压器的气流增多,使阀后压力增大至原给定值,恢复至初始状态。

四、调压器常用的技术用语

(1)最大进口压力:调压器规定允许的最高进口压力。

(2)最小进口压力:调压器规定允许的最低进口压力。

(3)最大出口压力:在规定的稳压精度范围内所允许的最高出口压力。

(4)最小出口压力:在规定的稳压精度范围内所允许的最低出口压力。

(5)额定出口压力:在调压器允许的出口压力范围内,把调压器出口压力调至某一给定值。

(6)稳压精度:调压器出口压力偏离额定值的偏差与额定出口压力的比值。调压器的稳压精度值范围为±(5%~15%)。

(7)关闭压力:当调压器流量逐渐减小,其流量等于零时,输出端所达到稳定的压力值。

(8)额定流量:在规定的进口压力范围内,当进口压力为 P_{1min},其出口压力在稳压精度范围内下限值时的流量。

(9)静特曲线:在规定的 P_1 范围内,固定的 P_1 为某一值时,P_2 随流量变化的关系曲线。

五、安全切断阀

安全切断阀示意图见图 5-9。

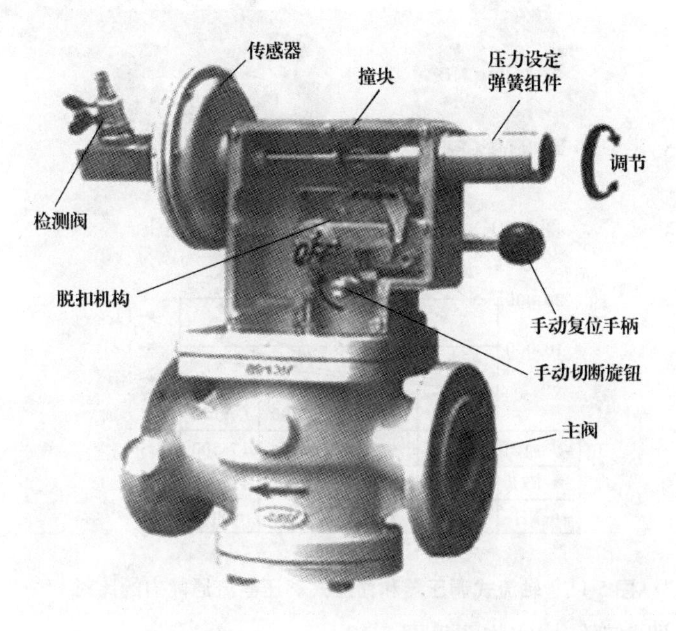

图 5-9 安全切断阀示意图

安全切断阀的工作原理:当信号压力失常,超过(超压型)或低于(失压型)切断阀启动压力设定值时,传感器内气动薄膜带动撞块移动,使脱扣机构动作,在关闭弹簧的作用下,主阀瓣迅速关闭阀口,起到保护调压器及计量仪器等下游设备的作用。

第二节 常见的调压器

一、塔塔里尼 FL 系列调压器

塔塔里尼 FL 系列调压器示意图见图 5-10。

(一)塔塔里尼 FL 系列调压器的结构性能

图 5-11 为轴流式调压器和曲流式调压器流通能力的比对。

从图 5-11 可知,FL 系列调压器属于轴流式间接作用式调压器,在相同尺寸下轴流式调压器的流通能力更大。在输气场站中,塔塔里尼 FL 系列调压器使用较为常见。

轴流式调压器特点:

(1)进出口流线是直线。

(2)燃气通过阀口阻力损失小。

(3)调压器在进出口压力差较低的情况下通过较大的流量。

(4)可用于区域调压站、门站等。

图 5-10　塔塔里尼 FL 系列调压器示意图

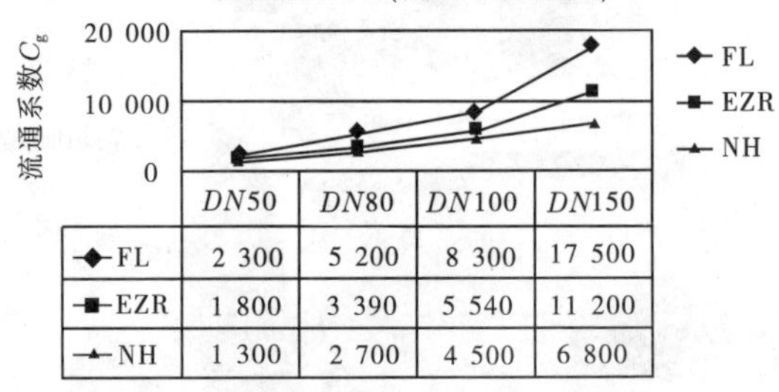

	*DN*50	*DN*80	*DN*100	*DN*150
FL	2 300	5 200	8 300	17 500
EZR	1 800	3 390	5 540	11 200
NH	1 300	2 700	4 500	6 800

图 5-11　轴流式调压器和曲流式调压器流通能力的比对

FL 系列调压器内部结构实物图见图 5-12。

(a) 折卸调压器　(b) 拆卸主皮膜

(c) 调压器阀座　(d) 阀座内带消音器

图 5-12　FL 系列调压器内部结构实物图

(e) 阀口垫密封座　(f) 拆卸皮膜及浮筒

(g) 拆卸浮筒　(h) 调压器主皮膜

(i) 膜片固定盘　(j) 阀座磨损

(k) 阀座被磨损　(l) 阀口

续图 5-12

(二)塔塔里尼 FL 系列调压器的工作原理

图 5-13 和图 5-14 分别为轴流式调压器剖面实物图和轴流式调压器的工作原理图。

(1)入口压力被指挥器减压后作用于主阀皮膜上,出口压力反向作用于主阀皮膜上,同时也与指挥器设定的弹簧力反向。

(2)调节指挥器弹簧上的螺钉,负载压力(驱动压力)P_3 作用于调压器薄膜上,使调压器阀口有一定的开度,阀后压力增大,直至调至设定值。

(3)当下游压力 P_2 下降,作用于指挥器下膜腔的力小于指挥器弹簧的力,使指挥器阀口增大,此时作用于调压器薄膜上的负载压力(驱动压力)P_3 增大,使调压器阀口变大,阀后压力 P_2 回升,直至给定值,调压器处于平衡状态。

图 5-13　轴流式调压器剖面实物图

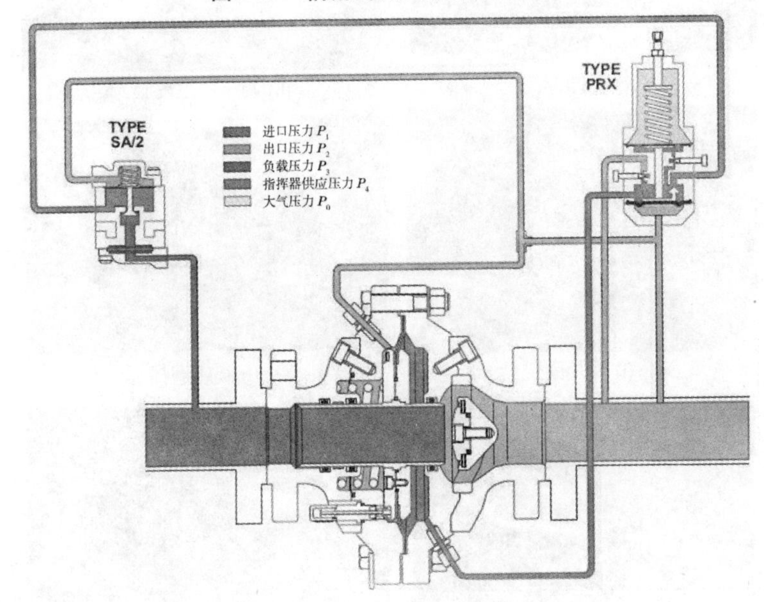

图 5-14　轴流式调压器的工作原理

(4)当下游压力 P_2 增大,作用于指挥器下膜腔的力大于指挥器弹簧的力,使指挥器阀口开度减小,此时作用于调压器薄膜上的负载压力(驱动压力)P_3 减小,使调压器阀口变小,阀后压力 P_2 下降,直至给定值,调压器处于平衡状态。

(三)塔塔里尼 FL 系列调压器的应用

目前 FL 系列调压器可根据实际的工况设计不同的具体应用方案。

1. FL 串联敞口监控系统(见图 5-15、图 5-16)

当工作调压器处于工作状态时,监控调压器处于全开监控状态,监控调压器的压力设定值高于工作调压器的压力设定值,当工作调压器切换到监控调压器时,此时出口压力为监控调压器压力设定值。

2. FL 一用一备串、并联敞口监控系统(见图 5-17)

(1)当运行路工作调压器发生故障时,出口压力升高,运行路监控调压器开始工作。

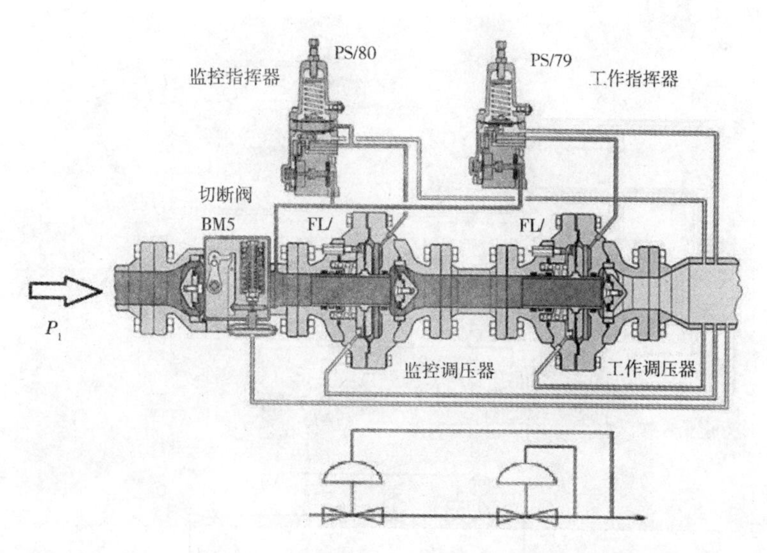

图 5-15　切断阀 + 监控调压器 + 工作调压器工作原理示意图

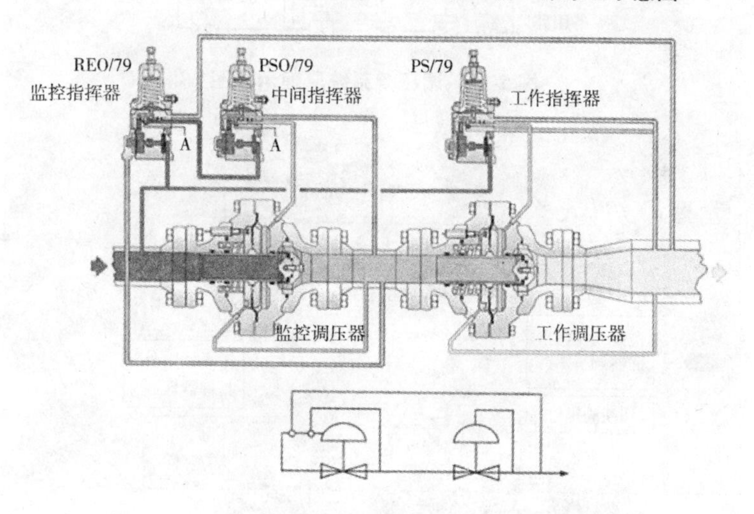

图 5-16　监控调压器 + 工作调压器工作原理示意图

如果监控调压器也发生故障导致下游压力升高,运行路切断阀关闭。而此时备用路切断压力设定值略高于工作路监控阀设定值,切断阀仍处于全开状态。同时,备用路工作调压器处于关闭状态,由于下游继续供气,当下游压力下降至备用路工作压力时,备用路工作调压器启动,开始工作调压。如果备用路的工作调压器也不能正常调压,导致压力升高,备用路监控调压器开始工作,从而保证不间断供气。

(2)当运行路工作调压器发生故障时,出口压力降低,流量减小,监控调压器仍然处于全开状态。当下游压力下降至备用路工作压力时,备用路工作调压器打开,并开始工作,补上损失的压力和流量。同时,压力信号远传至计算机,提醒检修,保证不间断供气。

3. 塔塔里尼 FL 系列调压器设定(见图 5-18)

调压系统压力设定顺序:安全切断阀、监控调压阀、工作调压阀。

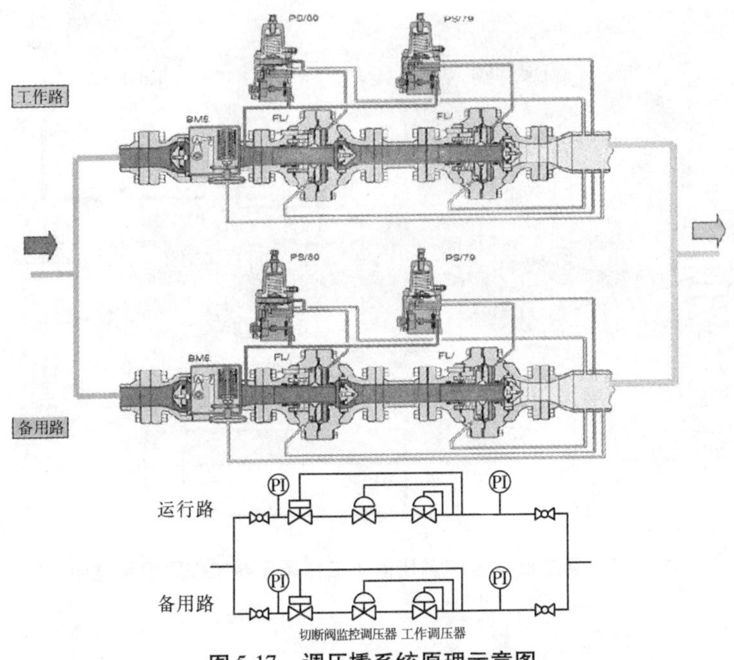

图 5-17　调压撬系统原理示意图

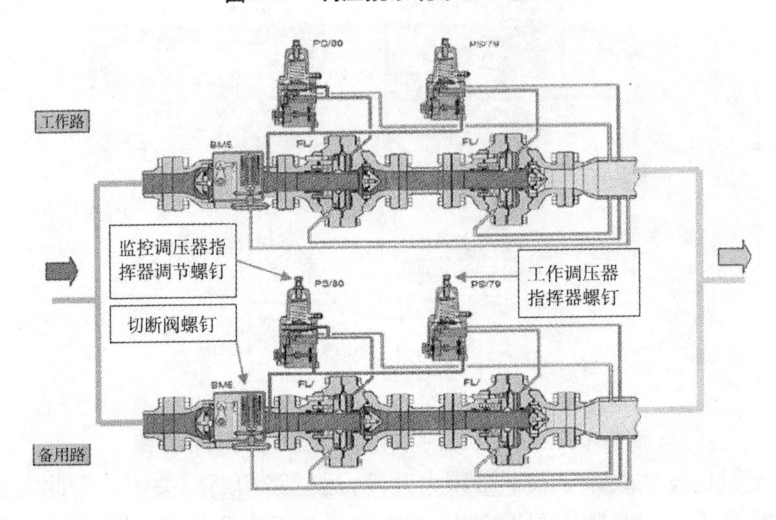

图 5-18　塔塔里尼 FL 系列调压器设定示意图

1)安全切断阀压力设定

安全切断阀的切断压力设定程序：

(1)关闭上下游阀门,确认安全切断阀、工作调压阀处于完全开启状态。

(2)顺时针完全拧紧安全切断阀切断压力调整螺钉,逆时针全部松开监控调压器指挥器调节螺钉,顺时针完全拧紧工作调压器指挥器螺钉。

(3)缓慢调整监控调压阀的指挥器弹簧螺丝,对下游管线压力进行设定,使检测到的出口压力达到安全切断目标值(最好轻量放散进行压力判定,可在线或离线进行设定)。

(4)逆时针缓慢旋转切断压力调整螺钉,直至安全切断阀切断。此时的出口压力目标值即为安全切断阀切断压力。

(5)对下游压力进行放散,当下游压力低于安全切断阀的切断压力后,重新升压检查,当安全切断阀达到设定压力值时能否正常切断(反复验证2~3次,方可投入运行)。

2)监控调压器调整

监控调压器压力设定程序:

(1)打开上下游阀门,查看安全切断阀,使其始终处于开启状态。确认进口天然气压力在调压装置允许的范围内(也可在线设定)。

(2)如果是要提高出口的检测压力,则先松开调压器指挥器调整螺钉的锁紧螺母,然后顺时针慢慢向里旋进调整螺钉,每次以1/4圈为一步。观察下游出口压力,直至达到需要的压力值。最后拧紧调整螺钉的锁紧螺母。

5-1　调压器拆装与调试

(3)如果是要降低出口的检测压力,则先松开调压器指挥器调整螺钉的锁紧螺母,然后逆时针慢慢向外旋出调整螺钉,每次以1/4圈为一步。观察下游出口压力,直至达到需要的压力值。最后拧紧调整螺钉的锁紧螺母。

3)工作调压器出口压力值设定

工作调压器出口压力设定程序:

(1)打开下游放散阀进行模拟用气。

(2)用专用工具逆时针旋松指挥器调整螺钉,观察下游出口压力,直至达到所需的压力值。

(3)缓慢关闭下游放散阀。

注:工作调压器压力设定值小于监控调压器压力设定值。

4.调压系统"冷备"与"热备"运行方式设置(见图5-19)

1)调压器工作原理(内部结构原理)

按照自力式调压器的工作原理,调压器后的压力设定完成投运后,在工作过程中根据调压器出口压力的变化自动调节主膜片带动浮筒运动与阀口的大小来实现压力调节功能。当调压器出口压力下降,主浮筒与阀口增大,流量增加,管路出口压力逐渐上升至设定压力;调压器出口压力上升,主浮筒与阀口减小,流量下降,管路出口压力逐渐下降至设定压力,整个过程自动调节。

2)切断阀、监控调压器、工作调压器用途

通常在调压撬系统中,主调压器设定的压力是下游燃气用户所需的压力;监控调压器设定的压力略高于主调压器设定的压力,主要是在主调器出现故障时启动工作;安全切断阀设定的压力高于监控调压器、主调压器设定的压力,是在监控调压器和主调压器出现故障不能调节压力时切断向下游供气,紧急切断气源,起到保护下游设备和管道的作用。

3)调压器"冷备""热备"设置关系

燃气输气场站的调压系统采用"冷备"的运行方式,即主用路与备用路切断压力、监控压力、主调压力设定相同数值,主用路使用时,备用路前后阀门处于关闭状态。主用路和备用路定期切换使用(按照输气场站实际生产运行管理制度进行切换利用)。

随着燃气的普及和利用,天然气分输站及门站距离城市和工业用户之间输气管线较

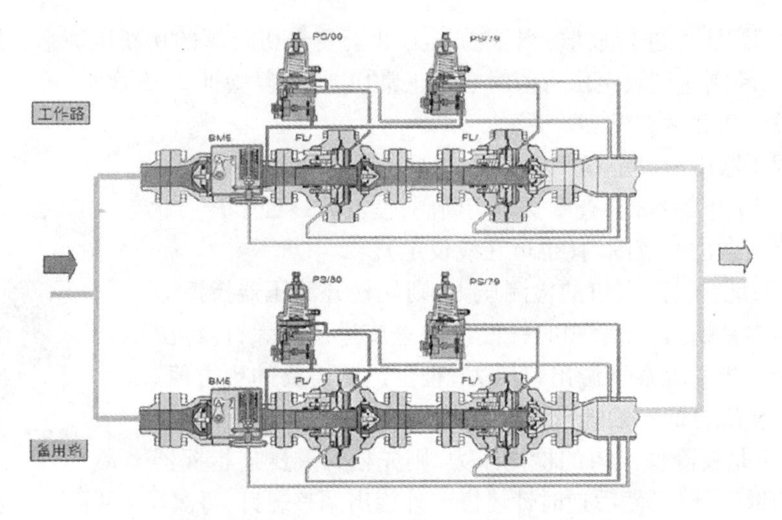

图 5-19　调压系统“2 +0”结构

短,一旦调压主用路发生故障,靠管道储存的气量有限,远远不能够满足大的用户用气(如氧化铝厂、燃气发电厂、液化天然气工厂等重大燃气客户),备用路需要人工开启才能投入使用。通常备用路启动时需要一定的时间,有时候会因为种种原因出现启动困难或压力波动的情况,这样会造成无法连续平稳为用户供气的情况。如果下游是用气量很大的燃气电厂,用户有可能会因供气不连续或不平稳造成停车事故,给发电带来影响。所以“热备”就是,当主用路出现故障不能供气时,备用路能按设定的压力自动投入使用,使下游用户的用气不受任何影响。

设定工作路切断阀压力低于备用路切断阀压力,主、备用路监控调压器压力值设定值相等,主用路调压器压力设定值高于备用路调压器压力设定值。

(四)FL 调压器常见故障

故障一:调压器阀口不能开启。

分析故障:

(1)检查进口侧的气流情况。

(2)检查指挥器的进口压力信号。

(3)检查调压器皮膜是否已经损坏。

故障二:调压器出口压力下降。

分析故障:

(1)流量不足。

(2)下游需求大于调压器的流通能力。

(3)指挥器供给压力异常。

(4)进口过滤器堵塞。

(5)指挥器过滤器堵塞。

故障三:出口压力增加。

分析故障:

(1)主阀口是否已经破损,老化。

(2)指挥器阀口是否已经破损,老化。

故障四:喘动/振荡

分析故障:

(1)错误地放置了信号管取压点的位置。

(2)下游流量需求不足。

(3)指挥器内进出口调节阀口设定不当。

故障五:结冰现象。

分析故障:是否已预热天然气或者伴热装置。

(五)FL 调压器维护保养

1. 日常检查

检查调压器及附属设备的运行情况,检查中如发现异常情况,应立即调查分析原因,进行妥善处理。

2. 定期检查

(1)除在设备运转失灵后需要及时处理外,还应建立定期检修制度。

(2)拆卸清洗调压器、指挥器、排气阀的内腔及阀口。

(3)擦洗阀杆和研磨已磨损的阀口。

(4)更换已疲劳失效的弹簧。

(5)吹洗指挥器的信号管。

(6)疏通通气孔。

(7)更换变形的传动零件,加油润滑,并组装好调压器。

(8)检修完的调压器应按规定关闭压力值进行调试,以保证调压器自动关闭严密。投入运行后,调压器出口压力波动范围不超过规定的数值为检修合格。

二、PL 系列调压器

PL 系列调压器实物图见图 5-20。

(a)PL3000

(b)PL3000/SIL Ⅱ

图 5-20　PL 系列调压器实物图

(一)PL 系列调压器概述

PL 系列调压器是间接作用式调压器,非常适合用于需要持续不断提供下游压力的高压及大流量工作环境。调压器的指挥器可快速精确地反映压力的变化,指挥器有独立的精密过滤器来保护,稳压指挥器可消除入口压力变化对调压器的影响。

(二)PL 系列调压器的特点

(1)适合用于高压。

(2)轴流式大流量。

(3)压损小。

(4)结构紧凑、操作简便。

(5)皮膜经久耐用。

(6)可选配消音装置。

(三)PL 系列调压器的适用场所

PL 系列调压器适用于长输管线的气体接收站,及广泛应用于多级燃气供应管网,地区燃气供应,大中型公福用户、工业用户、加热装置等要求压力控制精确的燃气供应场合,工业及区域级燃气供应站,供暖设备厂等。

(四)PL 系列调压器的工作原理

(1)假设初始状态调压器阀口为关闭状态,出口压力为零。

(2)调节指挥器螺钉,使指挥器有一定的中间驱动压力,作用在主调压器一个膜腔的中间驱动力使调压器的阀口打开,直至调至给定压力值,此时调压器上、下膜腔的力处于平衡状态。

(3)当下游用户用气量减小时,出口压力增大,作用于指挥器下膜腔的力大于上膜腔的力,指挥器的阀口变小,中间驱动压力减小,此时主调压器的阀口开度变小,流过调压器的气流减少,使阀后压力降至原给定值恢复至初始状态。

(4)当下游用户用气量增大时,出口压力减小,作用于指挥器下膜腔的力小于上膜腔的力,指挥器的阀口变大,中间驱动压力增大,此时主调压器的阀口开度变大,流过调压器的气流增多,使阀后压力增大至原给定值恢复至初始状态。

图 5-21 为 PL 系列调压器结构图。

(五)PL 系列调压器的串联监控

监控调压器的设定压力比主调压器的设定压力稍高。在正常的情况下,由于监控调压器的设定压力比出口压力高,所以监控调压器处于全开状态,如工作调压器故障,使下游压力增高,当下游压力增加到监控调压器的设定压力时,监控调压器开始工作,出口压力按监控调压器的设定压力进行调节。

图 5-22 为 PL 系列调压器串联监控图。

(六)PL 系列调压器常见的故障

1. 调压器出口设定压力降低

故障原因:

(1)进口压力不够。

(2)实际流量超过调压器的设计流量。

(3)指挥器进气部分堵塞。

(4)指挥器控制弹簧疲劳。

处理办法:

(1)查看进口压力表。

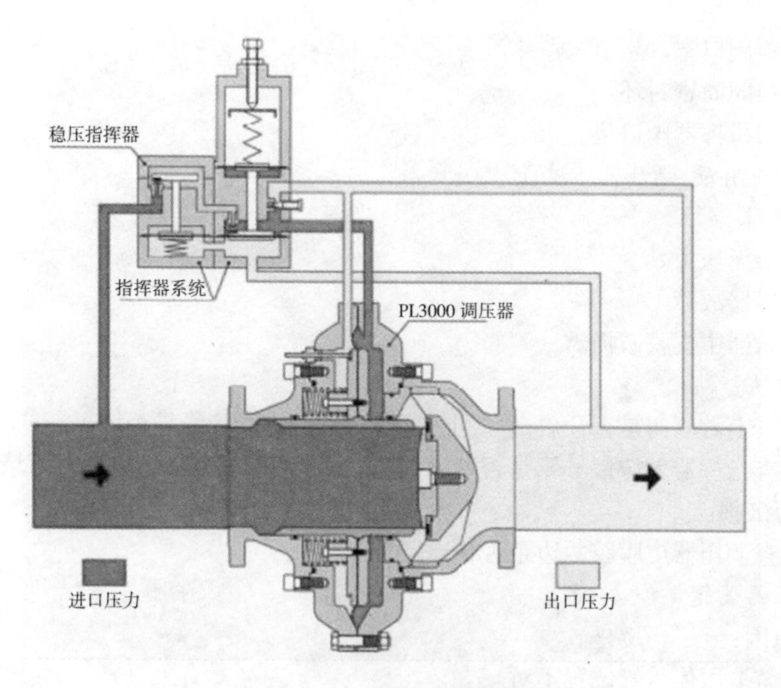

图 5-21　PL 系列调压器结构图

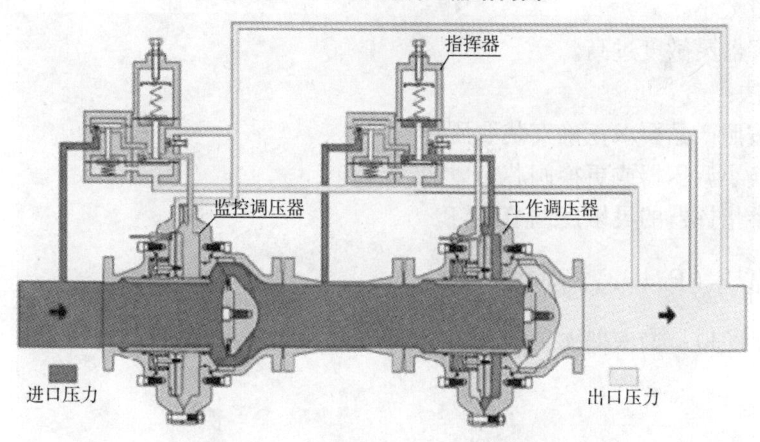

图 5-22　PL 系列调压器串联监控图

(2)检查调压器的阀位指示器,看调压器是否全开。

(3)检查指挥器前的信号管及过滤器。

(4)更换指挥器弹簧。

2. 调压器关闭不严

故障原因:

(1)阀口垫有磨损。

(2)阀筒密封环磨损。

(3)指挥器阀口关不严。

处理办法:

(1)更换阀口垫。

(2)更换阀筒密封环。

(3)更换指挥器阀口垫。

3. 下游没有气,调压器不过气

故障原因:

(1)上游无压力。

(2)指挥器故障。

(3)调压器主皮膜破损。

处理办法:

(1)检查上游阀门是否开启,管线上是否有盲板未拆,管线是否堵了。

(2)检查指挥器上游信号管是否堵塞,指挥器是否结冰、是否被脏东西堵住等,指挥器皮膜是否破损。

(3)检查调压器皮膜腔两边是否相通。

4. 调压器喘气

故障原因:

(1)下游取压信号管位置不对。

(2)流量太小。

(3)指挥器灵敏度过高。

处理办法:

(1)应按照产品要求正确安装取压管。

(2)更换小调压器或更换阀芯。

(3)调整指挥器的灵敏度调节螺钉。

三、费希尔(Fisher)调压器

费希尔(Fisher)调压器实物图见图5-23。

627型调压器

630型调压器

图5-23　费希尔(Fisher)调压器实物图

(一)费希尔(Fisher)调压器概述

费希尔(Fisher)调压器根据作用原理分为直接作用式调压器和带指挥器的间接作用式调压器。

直接作用式费希尔(Fisher)调压器(见图5-24)是通过内置式压力记录或一条外部控制线路来感应下游的压力,该下游压力压迫着一条弹簧装置,通过移动皮膜和阀芯来改变通过调压器的流通路径的大小。

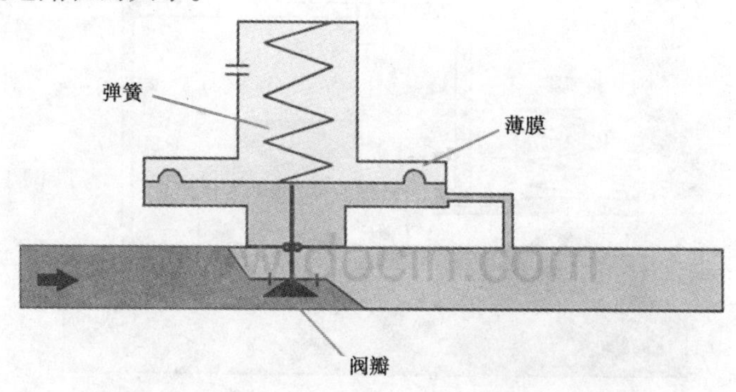

图5-24　直接作用式费希尔(Fisher)调压器结构图

带指挥器的间接作用式调压器适用于高流速或需要精确压力控制的情况。典型的指挥器控制系统使用"双向"控制,在这种控制方式下,主要的皮膜迅速对下游压力变化做出响应,从而在主要的阀塞位置产生及时的校正。与此同时,指挥器皮膜使减小后的入口压力转向到主皮膜的另一边,从而控制主要阀塞的最终位置。双向控制可以得到快速的响应。

(二)费希尔(Fisher)调压器特点

(1)灵敏的关闭特性。

(2)压力设定简单。

(3)可安装于任何位置。

(4)可用于天然气、人工煤气、液化石油气、空气等多种气体。

(三)费希尔(Fisher)调压器的工作原理

直接作用式费希尔(Fisher)调压器调压原理:

(1)出口压力作用于薄膜的下膜腔,与上膜腔的力相平衡。

(2)稳定工作时,出口压力为设定值,调压器阀口有一定的开度。

(3)假设初始状态调压器阀口处于关闭状态,出口压力为零。

(4)调节调压器主弹簧,使调压器薄膜上膜腔的力大于下膜腔的力,薄膜向下移动,带动阀杆向下,此时阀瓣离开阀座,使调压器阀口开度增大,使气体流过调压器,致使调压器阀后压力升高,直至压力调至设定值。

(5)当下游用户用气量增大时,出口压力 P_2 减小,作用于调压器下膜腔的压力减小,下膜腔的力小于上膜腔的力,阀杆带动阀瓣向下移动,阀瓣与阀座的阀口开度变大,通过阀口的气量增多,调压器下游管道气量增多,出口压力 P_2 升高,直至恢复到原设定值达到平衡状态。

(6)当下游用户用气量减少时,出口压力 P_2 变大,作用在调压器下膜腔的压力增大,上膜腔的力小于下膜腔的力,阀杆带动阀瓣向上移动,使阀瓣与阀座的阀口开度变小,通过阀口的气量减少,调压器下游管道气量减少,出口压力 P_2 降低,直至恢复到原设定值达到平衡状态。

带指挥器的间接作用式费希尔(Fisher)调压器(见图 5-25)的工作原理:

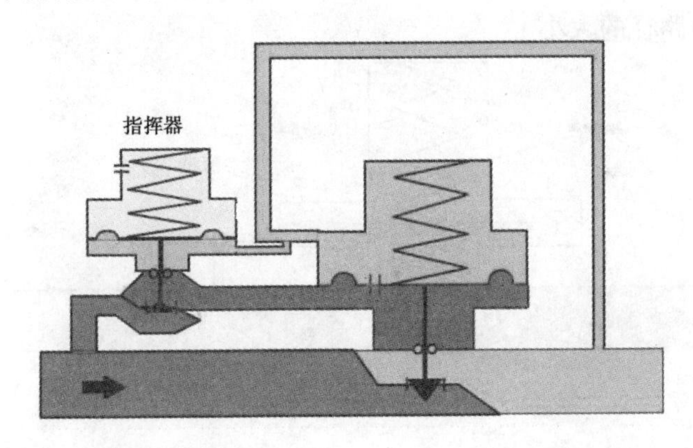

图 5-25　带指挥器的间接作用式费希尔(Fisher)调压器结构图

(1)假设调压器初始状态处于关闭状态,出口压力为零。

(2)进口压力进入指挥器,调节指挥器弹簧,进口压力与指挥器弹簧压力进行比较,使指挥器有一定的阀口开度,指挥器阀口开度的大小决定了驱动压力 P_3 的大小,此时,驱动压力 P_3 进入主调压器的下膜腔,使调压器下膜腔的力大于上膜腔的力,使阀杆向上移动,阀瓣离开阀座,调压器阀口有一定开度,从而使气体流过调压器,直至压力调至设定值。

(3)当下游用户用气量减小时,出口压力 P_2 增大,作用于指挥器下膜腔的力大于上膜腔的力,指挥器的阀口变小,驱动压力 P_3 减小,此时主调压器上膜腔的力大于下膜腔的力,阀杆向下移动,阀瓣与阀座之间的阀口开度变小,流过调压器的气流变小,使阀后压力降至原给定值恢复至初始状态。

(4)当下游用户用气量增大时,出口压力 P_2 减小,作用于指挥器下膜腔的力小于上膜腔的力,指挥器的阀口变大,驱动压力 P_3 增大,此时主调压器上膜腔的力小于下膜腔的力,阀杆向上移动,阀瓣与阀座之间的阀口开度变大,流过调压器的气流增多,使阀后压力增大至原给定值恢复至初始状态。

四、Reval 182 调压器

(一)Reval 182 调压器概述

Reval 182 调压器(见图 5-26)是指挥器控制式间接作用式调压器,适用于中低压输配系统。

(二)Reval 182 调压器的特点

(1)阀气体系数值高。

(2)调节精度高。

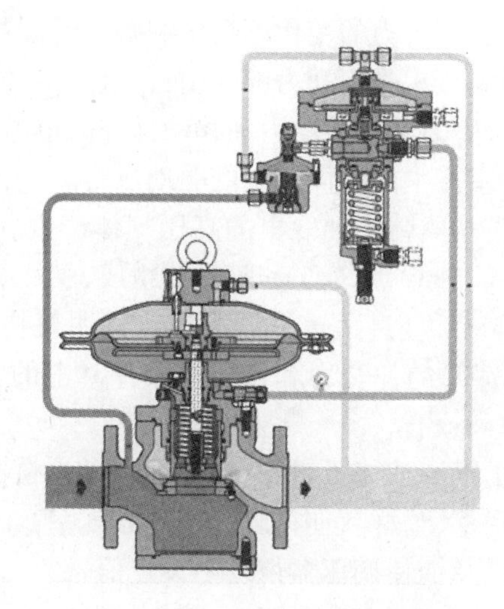

图 5-26　Reval 182 调压器示意图

(3)响应迅速。

(4)维护简单。

(5)可在阀体上加装紧急切断阀或消声器。

(三)Reval 182 调压器工作原理

图 5-27 为 Reval 182 调压器结构图。

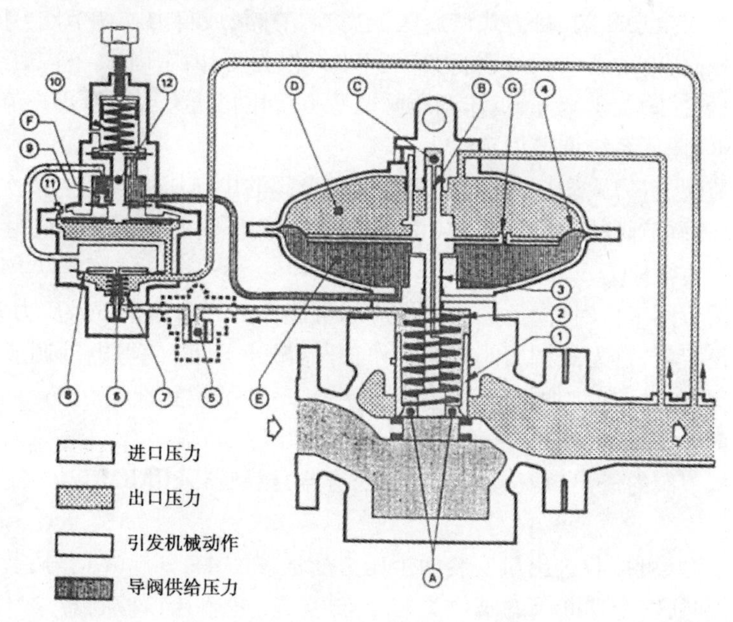

①—活动阀芯;②、⑦、⑩—弹簧;③—主轴;④、⑧、⑪—膜片;⑤—滤芯;
⑥—阀芯;⑨—导阀;⑫—驱动部件;Ⓐ、Ⓑ—孔;Ⓒ、Ⓓ、Ⓔ—气室;Ⓕ、Ⓖ—通道

图 5-27　Reval 182 调压器结构图

Reval 182 调压器是导阀作用式调压器,当没有驱动信号时弹簧②使活动阀芯①处于关闭位置。孔Ⓐ使阀芯的压力相等,又因高压气体通过孔Ⓑ进入气室Ⓒ使得主轴③两端

的压力也相等,所以这时的进口压力的变化不会影响阀芯的位置。

阀芯由膜片④控制,该膜片承受下列力的作用:

向下:弹簧②的弹力、气室Ⓓ的调节压力和移动部件的重力。

向上:由导阀馈送到气室Ⓔ中的气体产生的驱动压力。

驱动压力由在阀芯上游从阀体中抽取出的高压气体产生。该气体经滤芯⑤过滤,再经预调器减压,该预调器由阀芯⑥、弹簧⑦和膜片⑧组成,膜片⑧上作用有出口压力。

减压后的气体进入导阀⑨,经过通道Ⓕ调节进入伺服机构的气室Ⓔ中的驱动信号。此驱动信号由导阀设定弹簧⑩的弹簧力和作用在膜片⑪上的调节压力的共同作用所决定。

如果工作时的进口压力下降或流量增加,被调压力就会降低。力的不平衡使导阀驱动部件⑫移动从而开大通道Ⓕ,这样就使得膜片④下方气室Ⓔ内的驱动压力上升,阀芯向上运动,增大调压器的开度,从而使调压器恢复至设定值。

当被调压力增大时,膜片⑪上的压力使驱动部件⑫向上移动。导阀⑨将通道Ⓕ关小,使导阀的输出下降,由于下游通道Ⓖ的作用,气室Ⓔ中的驱动压力降低。弹簧②使阀芯向下移动减小阀的开度,从而使被调压力恢复至其设定压力值。

五、RMG 调压系统中工作调节阀的控制

(一)RMG 调压系统的组成及分工

调压撬由安全切断阀、自力式调压阀、电动调节阀(或自力式调节阀)组成。自力式调压阀作为监控阀,电动调节阀(或自力式调节阀)作为工作调压阀,正常工作时安全切断阀处于开位,监控阀处于全开,工作调压阀调节下游用户压力或下游用户流量。

(二)RMG 调压系统调节设定

电动调节阀、自力式调压阀、安全切断阀三个阀的出口压力设定点依次升高。

例如:电动调节阀的设定值是3.0 MPa;自力式调压阀的设定值则应为3.2 MPa;安全切断阀的设定值则应为3.8 MPa。

在电动调节阀工作时,向上的超调量应尽可能小。因为如果下游压力升高,接近自力式调压阀的设定值,自力式调压阀就会动作,开始减小开度,使得电动调节阀的进口压力减小,相当于给电动调节阀再次施加了一个变量,增加了控制难度。

(三)RMG 入口压力构成

在电动调节阀的进出口安装两个压力变送器,控制器采用 RMG 专用控制器 Protronic 500。

Protronic 500 可接收进出口安装两个压力变送器的4~20 mA 信号,及调节阀的阀位反馈信号。同时,安全切断阀的阀位关信号(开关量)也输入该控制器,参与控制。

(四)RMG 专用控制器 Protronic 500 的功能

Protronic 500 可以对以下参数进行控制:

出口最高压力 P_{max};出口最低压力 P_{min};最大标准状况流量 F_{Bmax}。

最大工况流量,用于保护直接与调压器串联的流量计。

可实现计算机远程更改设定值,也可通过面板的按键更改设定值。

也能在面板上切换到手动方式，手动控制调节阀开度。

内装 RMG 专用控制软件，每台控制器控制一台调节阀，形成一个完全独立的控制回路。可以脱离站控系统独立工作，能够实现多路并联使用。

如果不需要对流量进行精确控制，控制器可根据阀口开度，及阀门流量特性曲线计算出瞬时流量，可以不必安装流量计。

当改变设定值后，系统调节平滑，超调量很小，或无超调，从而避免了由于超调量过大导致监控调压阀动作，甚至安全切断阀关闭的情况。

RMG 调压系统通信：

通过 Modbus 与站控 PLC 或计算机实现数据的读出和写入。

RMG 调压系统工作过程（单路）：

现将出口最高压力 P_{max}、出口最低压力 P_{min}、最大标准状况流量 F_{Bmax} 输入控制器。

当工作流量小于最大标准状况流量 F_{Bmax} 时，出口压力稳定在出口最高压力 P_{max}。

当工作流量大于最大标准状况流量 F_{Bmax} 时，控制器开始由压力控制转为流量控制，使得流量不超过 F_{Bmax}。由于下游流量增加，使得下游压力开始下降，并稳定在某一点。如果下游流量持续增加，使得下游压力开始下降，当压力降至 P_{min} 时，控制器由流量控制转为压力控制，保证下游压力不低于 P_{min}。

如果仅需要限制下游的最大标准状况流量 F_{Bmax}，正常流量小于 F_{Bmax}，控制器将保证下游压力等于 P_{max}。因此，如果需要改变给下游用户的供气压力，只要改写控制器的 P_{max} 值，控制器将控制电动阀，调节下游压力至新的 P_{max}。

当需要限制下游用户的用气量时，只需将 F_{Bmax} 改写为所需值，控制器将控制电动阀，限制下游的流量为 F_{Bmax}。

当控制器收到来自安全切断阀的阀位关的开关量信号后，控制器将立即关闭电动调节阀，以确保随后开启安全切断阀时，上游高压气不会直接进入下游。

第六章 压缩机

第一节 压缩机概述

一、压缩机的适用场所

(1)气源集输。

(2)长输管线中间压气站。

(3)CNG加气母站。

二、压缩机的分类

图6-1为压缩机常见的分类方式。

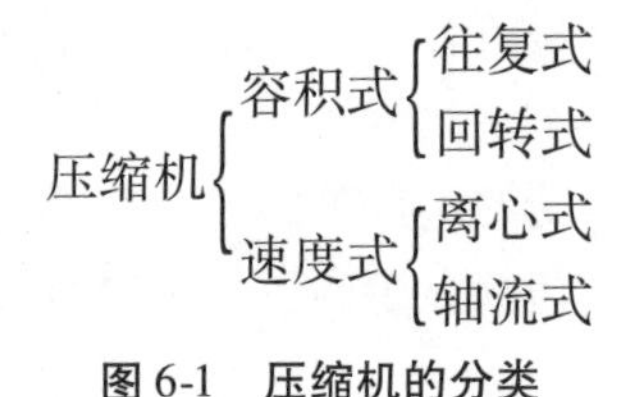

图6-1 压缩机的分类

(一)容积式压缩机

气体压力的提高是由于压缩机中气体的体积被缩小,使单位体积内分子的密度增加而形成的,即压力的提高是直接依靠体积压缩来实现的。

(二)速度式压缩机

依靠高速旋转的叶轮的作用,提高气体的压力和速度,然后在固定元件中使一部分气体的速度转换成压力能,气压的升高是由于气体分子的速度转化的结果,即先使气体的分子得到一个很高的速度,然后又使速度降下来,使动能转化为压力能。

第二节 离心式压缩机

一、离心式压缩机的主要零部件

图6-2为离心式压缩机结构图。

离心式压缩机主要由定子和转子两大部分组成。

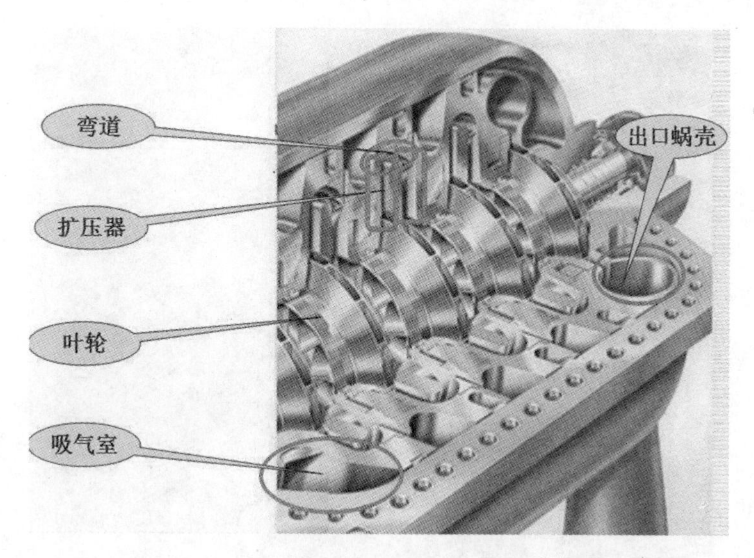

图 6-2　离心式压缩机结构图

定子部分主要包括气缸、隔板(扩压器、回流器)、轴承、轴端密封。

转子部分主要包括主轴、叶轮、平衡盘、止推盘、联轴用的半联轴器。

(一)叶轮

它是离心式压缩机中唯一做功的部件,用来增加气体的压能和动能。气体在叶轮的作用下,随着气体通过叶轮作高速旋转,而气体受到叶轮离心力的作用,以及在叶轮内的扩压流动,使气体通过叶轮后的压力能得到了提高,此外气体的速度能也同样得到提高。图 6-3为离心式压缩机叶轮。

图 6-3　离心式压缩机叶轮

叶轮按结构形式分为开式、半开式、闭式三种,在大多数情况下,后两种叶轮在压缩机中得到广泛的应用。

按照叶片的弯曲形式可分为前弯叶轮、后弯叶轮、径向叶轮三种。

(二)扩压器

扩压器是叶轮两侧隔板形成的环形通道,一般有无叶扩压器和叶片扩压器。它是离心式压缩机中的转能装置,将速度能转变为压力能。

图 6-4 为离心式压缩机扩压器。

(三)弯道

它是离心式压缩机中的转向通道装置,气流从扩压器流出,在弯道中转 180°进入回流器。

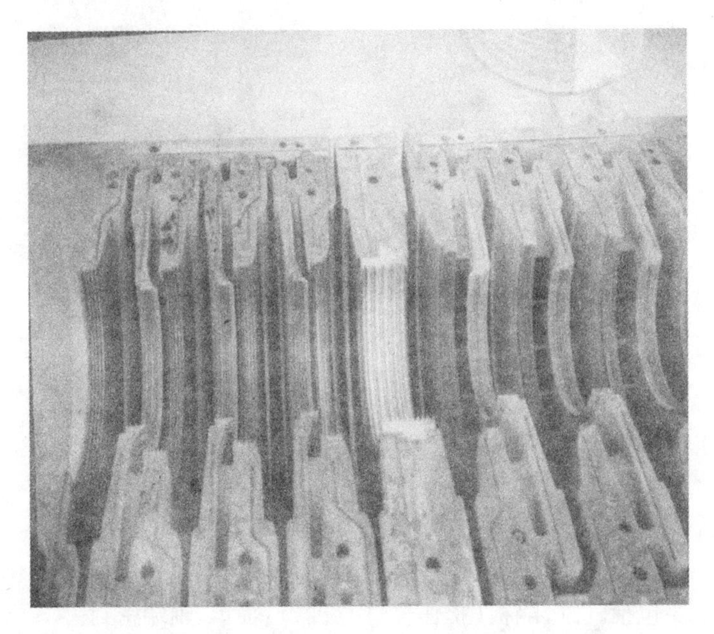

图 6-4　离心式压缩机扩压器

(四)回流器

它是将离心式压缩机中的级间导流装置,气流经过回流器均匀地进入下一级叶轮的入口。图 6-5 为离心式压缩机回流器。

图 6-5　离心式压缩机回流器

(五)吸气室

它是将离心式压缩机中(首级)进气管(或中间冷却器出口)的气体引入叶轮。图 6-6 为离心式压缩机吸气室。

(六)蜗壳

它是离心式压缩机中的集气部件,用来收集中间段最后级出来的气流,将其导入中间冷却器进行冷却,或输送至压缩机后面的输气管道中。

图 6-6　离心式压缩机吸气室

(七)密封装置

密封的作用是防止气体在级间倒流及向外泄漏。内部密封是防止机器内部流通部分各腔室之间的泄漏;外部密封是防止气体由机器向外界泄漏。

离心式压缩机要想获得良好的运行效果,必须在转子与定子之间保留一定的间隙,以避免其间的摩擦、磨损以及碰撞、损坏等事故的发生。同时由于间隙的存在,自然会引起级间和轴端的泄漏现象,泄漏不仅降低了压缩机的工作效率,而且导致了环境污染,甚至发生爆炸事故,因此泄漏现象是不允许产生的。密封就是保留转子和定子之间有适当的间隙的情况下,避免压缩机级间泄漏和轴端泄漏的有效措施。

离心式压缩机按密封原理分为气封和液封。在气封中常见的为迷宫密封,在液封中常见的有浮环密封。

1. 迷宫密封(梳齿密封)

迷宫密封是利用节流原理使气体每经过一个齿片,压力就下降一次,经过一定数量的齿片后就形成较大的压降,实质上迷宫密封就是给气体的流动以压差阻力,从而减小气体的通过量。图 6-7 为迷宫密封(梳齿密封)。

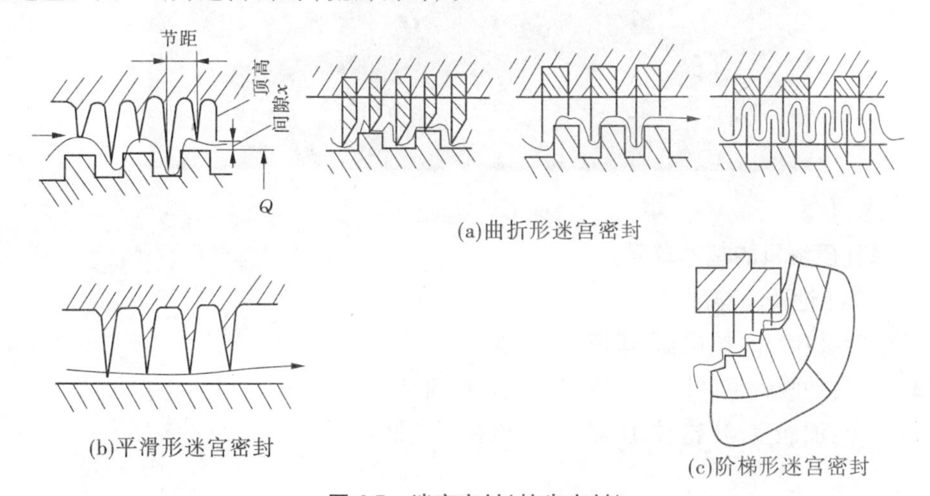

图 6-7　迷宫密封(梳齿密封)

2. 浮环密封(轴封)

浮环与轴套之间有一定的间隙,间隙内有油膜,环与轴之间形成稳定的液膜,阻止高压气体泄漏。图 6-8 为浮环密封(轴封)。

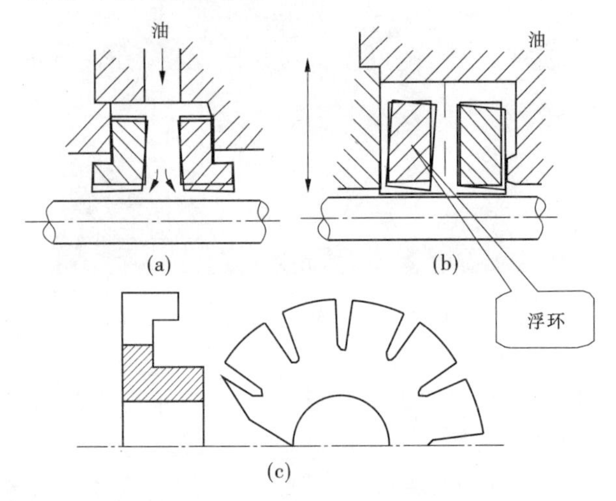

图 6-8　浮环密封(轴封)

(八)主轴

主轴是压缩机的关键部件,主要起到装配叶轮、平衡盘、推力盘的作用,是转子部分的中心部位(见图 6-9)。

图 6-9　主轴

(九)级(压缩机的基本单元)

级:一套叶轮及动静部件。

(1)中间级:叶轮、扩压器、弯道、回流器。

(2)首级:加吸气室、叶轮、扩压器、弯道、回流器。

(3)末级:加涡室、叶轮、扩压器、无弯道和回流器。

二、离心式压缩机的工作原理

工作原理：气体由吸气室进入叶轮，在叶轮的高速旋转下做功，获得能量，气体进入扩压器中，使速度降低，压能增大，再经过弯道使离心输出的气体转180°向心进入回流器中，使气体均匀地导入到下一级叶轮进口或蜗壳中（见图6-10）。

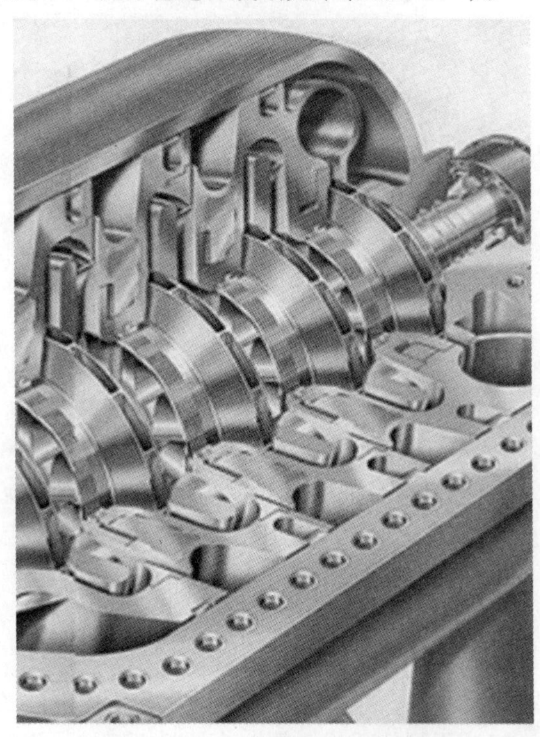

图6-10　离心式压缩机内部结构图

三、离心式压缩机的特点

离心式压缩机适用于大中流量、中低压力的情况。当输气量大时可应用于高压，但应注意：高压下容积流量小，内泄漏大，叶轮流量窄，效率较低，故高压小容积流量时，离心式压缩机的应用受到限制。

（一）优点

（1）排气量大（由于转速高）。

（2）结构紧凑，尺寸小（由于离心式压缩机的结构主要是旋转的叶轮加上配套的辅助系统，而往复式压缩机有活塞、气缸、气阀等装置，结构复杂）。

（3）运行平稳，易损件少，维修方便（往复式压缩机有往复的运动部件，零部件多，所以易损件多，而离心式压缩机相反）。

（4）气体不接触润滑油（气体经过叶轮做功，气体一般不接触润滑轴承部分，而往复式压缩机在气缸间要注油，气体要接触润滑油）。

（5）转速较高，可采用汽轮机驱动。

（二）缺点

（1）不适用于气量过小及压比过高的工况（由于离心式压缩机本身气量较大，一般不适合气量较小的工况，而且离心式压缩机在单级压缩时压比不宜过大，若压比过大需要采用多级压缩，这就造成了结构的复杂性）。

（2）效率较低（由于离心式压缩机有较多的损失，如漏气损失、轮阻损失等）。

（3）稳定工作区较窄（离心式压缩机有最小流量限制和最大流量限制，最小流量和最大流量之间就是稳定工作区，尤其是多级压缩过程，稳定工作区较窄，容易发生喘振现象）。

离心式压缩机特点总结：

（1）离心式压缩机受单极压比限制常采用多级压缩。

（2）多级离心式压缩机级数或转速增加使压比增加。

（3）多级离心式压缩机级数或转速增加使稳定工作区变窄。

四、离心式压缩机的喘振与防喘振

（一）喘振工况

当达到最小流量时的不稳定工况称喘振工况。当流量继续减小时大部分叶道旋涡区会堵塞，叶轮出口压力会突然下降，这时现在管网高压迫使气流倒流，管网压力降低使压缩机恢复输出流量，流量反复正流倒流，管网压力会发生脉动，发生喘振工况。

（二）喘振危害

由于喘振会造成流量的反复正流倒流，管网的压力强烈脉动，会产生噪声、振动，严重时会损害密封、轴承或转子。

喘振之所以能造成极大的危害，是因为在喘振时气流产生强烈的往复脉冲，来回冲击压缩机转子及其他部件；气流强烈的无规律的振荡引起机组的强烈振动，从而造成各种严重的后果。

（三）流量过大的情况

流量过大会造成堵塞。叶轮叶道最小截面处的气流速度达到了所谓的马赫数，这时流量已不再增加，只会全部消耗于流动损失。

（四）喘振的现象

在运行中，压缩机发生喘振的迹象，一般是首先流量大幅度下降，压缩机的排气量显著降低，出口压力波动，压力表的指针来回摆动，机组发生强烈的振动并伴有间断的低沉吼声。

（五）喘振发生的条件

（1）在一定的转速下，存在一个极限流量——喘振流量。流量减少时，流量降到该转速下的喘振流量时发生喘振。

（2）管网系统内气体的压力，大于一定转速下对应的最高压力时，发生喘振。如果压缩机与管网系统联合运行，当系统压力大大高出压缩机在该转速下运行对应的极限压力时，系统内高压气体便在压缩机出口形成很高的“背压”，使压缩机出口堵塞，流量减小，甚至管网气体倒流。

(3)机械部件损坏脱落时,可能发生喘振。

(4)操作中,升速升压过快,降速之前未能首先降压可能导致喘振。升速升压要均衡缓慢,降速之前应采取泄压措施(放空、回流),以免转速降低后,气流倒灌。

(5)工况改变,运行点落入喘振区。如改变转速、流量压力之前,未检查特性曲线,使压缩机运行点落入喘振区。

(6)正常运行时,防喘振系统未设自动。

(7)介质状态变化。气体的状态影响流量,可能会影响喘振流量。

当转速不变,出口压力不变时,气体入口温度增加容易造成喘振;当转速一定时,进气压力越大则喘振流量越大;当进气压力一定,出口压力一定时,转速不变,气体分子量减少很多,容易发生喘振。

(六)造成喘振的原因

(1)系统压力过高。系统压力过高是由压缩机的紧急停车、气体未进行放空和回流等原因造成的。

(2)吸入流量不足。由于外界原因使吸入量减少到喘振流量以下,而转速未变,使压缩机进入喘振区开始喘振;压缩机入口过滤器堵塞,阻力太大,而压缩机转速未能调节,滤芯过脏,或者冬天结冰时都可能发生喘振。

(七)防止喘振的方法

(1)升速升压之前一定要检查性能曲线,选好下一步的运行工况点。

(2)升压必先升速,降速必先降压。

(八)消除喘振的方法

(1)增加压缩机入口气体流量。

(2)对天然气可采取回流循环。

如果系统要维持等压,放空和回流之后应提升转速,使排气压力达到原有的水平。

在升压、降速、停机前,应将放空阀的回流阀预先打开,防止产生背压。

五、离心式压缩机的主要性能参数

表征离心式压缩机性能的主要参数有流量、排气压力或压强比、转速、功率和效率。

(1)流量。习惯用进气状态的容积流量表示压缩机的流通能力。

(2)排气压强或压强比。在固定式压缩机中习惯用排气压强,在运输式压缩机中习惯用压强比(简称压比)作为压缩机的性能指标。

若每级压比是2,现有4级,则最后的压力是16。

$$\text{压比}=\frac{\text{排气绝对压力}}{\text{进气绝对压力}}$$

(3)转速。转速是指压缩机转子的旋转速度,单位为r/min。

(4)功率。功率是指驱动压缩机所需要的轴功率和驱动机的功率,单位为kW。

(5)效率。效率是表示离心式压缩机传给气体能量的利用程度,利用程度越高,压缩机的效率就越高。压缩机的效率有多变效率、绝热效率和等温效率。

六、离心式压缩机的串并联

压缩机可在串联或并联条件下工作。如果一台压缩机工作时其压力不能满足用户的要求,那么可以将另一台压缩机与原来一台压缩机串联工作。如果怕一台压缩机工作时其流量不能满足用户的需要,那么可将两台压缩机并联起来增加供气量。即增加压力——采用串联;增加流量——采用并联。

(一)离心式压缩机串联

(1)串联后的总压比等于同流量下各机压力比的乘积。

(2)串联后的性能曲线更陡,稳定工作区变窄。

(3)注意串联后一台压缩机的强度承受能力。

图6-11为离心式压缩机串联工作图。

(二)离心式压缩机并联

(1)当单台压缩机流量不能满足工作要求时采用并联压缩。

(2)并联后的总流量等于同压比下各机流量的叠加。

(3)虽然两台压缩机并联后的总流量增加了,但是每台压缩机本身的流量要比单独运行时的流量减小。

图6-12为离心式压缩机并联工作图。

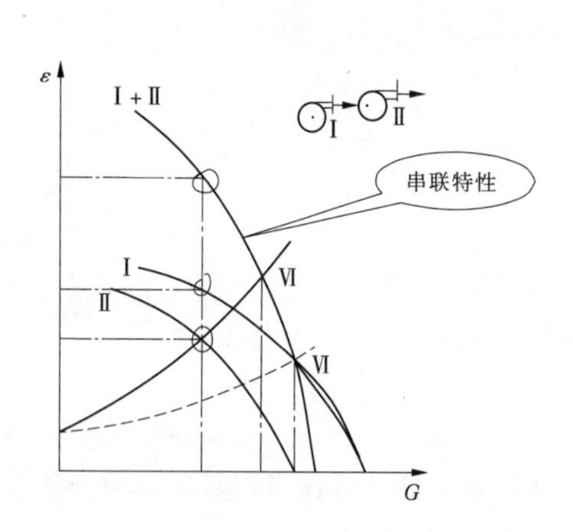

图6-11 离心式压缩机串联工作

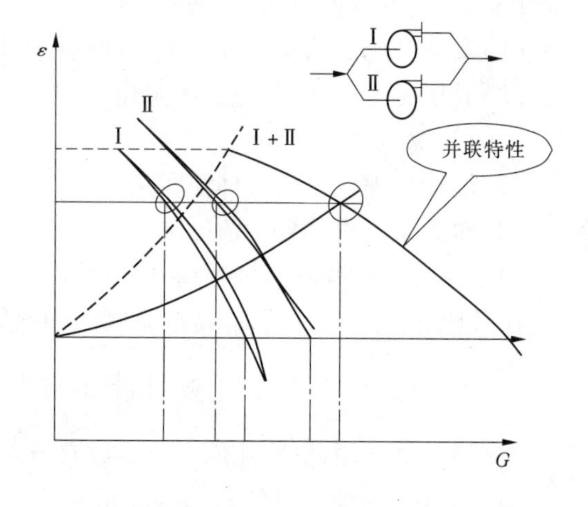

图6-12 离心式压缩机并联工作

七、离心式压缩机的调节

(一)压缩机出口节流调节

在压缩机出口排气管上安装节流阀,改变阀门的开度,就可以改变管网的阻力特性,也就改变了压缩机的联合运行工况。

这种调节方法比较简单,但是会带来附加的节流损失,这种附加损失较大,所以这种方法是不经济的,在压缩机上较少使用。

(二)压缩机进口节流调节

在压缩机的进口安装调节阀,比较经济,能量损失少,可改善喘振性能,使压缩机进口流量减小。

这种调节方法简便易行，比出口节流调节经济性更好，并且调节进口节流使压缩机的性能曲线向小流量方向移动，使喘振流量也向小流量方向移动，扩大了稳定工作范围。

（三）变转速调节

压缩机运行转速不同，则性能曲线不同，可以通过变转速调节来适应管网的需要。

变转速调节是最经济的调节方法，与前两种方法相比没有节流损失。

（四）进口导流叶片调节

在叶轮前装设有导流叶片，以改变气流进入叶轮的流动方向，从而改变压缩机的性能曲线，以适应调节的需求。

（五）可转动扩压器叶片调节

在扩压器中设置可调导叶片，改变扩压器进口冲击损失，改善喘振性能。

八、离心式压缩机组常见的故障与处理方法

离心式压缩机组常见的故障与处理方法见表6-1。

表6-1　离心式压缩机组常见的故障与处理方法

序号	故障现象	故障原因	处理方法
1	压缩机异常振动	压缩机转子不平衡	检查转子弯曲度及是否结垢或破损，如有必要应对转子重新进行平衡
		轴承不正常	检查并修复轴承，消除半速涡动因素
		联轴器故障或不平衡	检查修复或更换联轴器，进行平衡
		动静部分摩擦，基础不均匀下沉或机座变形，油压、油温不正常	调整安装间隙或更换超差件，消除机座变形，加固基础 检查各润滑点油压、油温及油系统工作情况，找出异常原因并设法解决
		压缩机喘振	检查压缩机运行时是否远离喘振点，防喘裕度是否正确，气体纯度是否降低，根据原因按操作法规定进行处理消除
		气体带液或杂物浸入	消除带液和清除杂物
		转子有裂纹	修复或更换转子
2	压缩机管线异常振动	管道应力过大	消除管道应力
		压缩机气流激振	调整工艺参数，消除气流激振
		管线支撑设计不当	重新复核压缩机管线支撑

续表 6-1

序号	故障现象	故障原因	处理方法
3	压缩机轴向推力过大及轴位移增加	级间密封损坏或磨损,造成密封间隙增大	更换密封
		压缩机喘振或气流不稳定	及时调整工艺参数,使压缩机运行稳定
		推力盘端面跳动大,止推轴承座变形大	更换推力盘或轴承座
		油温、油压波动	调整油温、油压
		止推轴承损坏	更换止推轴承
4	压缩机轴端及密封面泄漏	轴端梳齿气封损坏	修复或更换梳齿气封
		缸体配合处密封圈损坏	更换密封圈
		油压过高	调整油压到要求范围内
		油封损坏	更换油封
		压缩机内泄漏加大	更换或修复级间气封
		密封油品质和油温不符合要求	检查密封油质、指标不符应更换,检查密封油温,并进行调整
		密封部分磨损或损坏	拆下密封后重新调整间隙组装;按规定进行修理或更换
		浮环座的端面有缺口或密封面磨损	消除吸入损伤、减少磨损,必要时更换新件
		密封环断裂或破坏	可能组装时造成损伤,组装时应注意;尽量减少空负荷运转;不能修复时更换
5	压缩机油封泄漏	油封间隙超标	更换油封
		油封回油孔堵塞	疏通回油孔
		油封梳齿磨损	修复密封部位或改变轴向密封位
		上下油封不同心	重新装配油封
		装配有误	按正确方法装配
		油压过高	调整油压到要求范围内
6	润滑油变色	润滑油乳化	更换润滑油
		油温过高	加强冷却效果,改进润滑方式
		机械杂质过多	置换润滑油;检查轴承系统,更换磨损件
		润滑油选用不对	更换润滑油

续表 6-1

序号	故障现象	故障原因	处理方法
7	级间冷却器泄漏	冷却器腐蚀及磨损	检查冷却水水质看是否被污染，或者使用了不适当的水作为冷却水
		冷却器破裂	检查管子固定是否稳妥，固定部分有无损坏，及时更换；检查冷却水水压是否在设计值范围内，及时调整
		安装操作不当	检查内管是否胀紧；检查法兰面是否平整，连接是否正常；检查垫片材料是否合格，有无破裂，及时更换

第三节　往复式压缩机

一、往复式压缩机的主要零部件

如图 6-13 所示为往复式压缩机示意图。

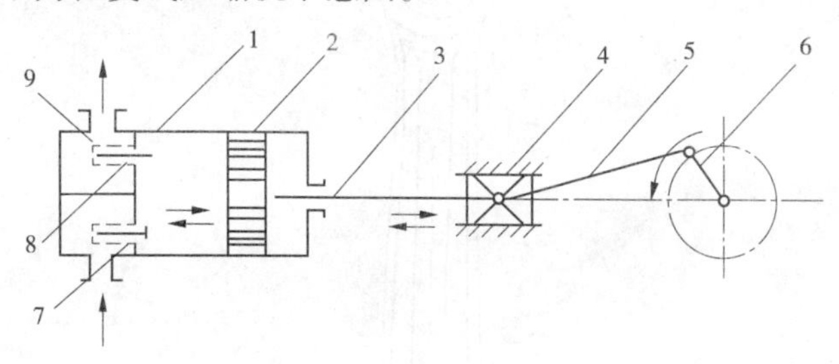

1—气缸；2—活塞；3—活塞杆；4—十字头；5—连杆；
6—曲柄；7—吸气阀；8—排气阀；9—弹簧

图 6-13　往复式压缩机示意图

（一）机身

机身包括气缸体和曲轴箱两部分，一般采用高强度灰铸铁铸成一个整体。它是支承气缸套、曲轴连杆机构及其他所有零部件重量并保证各零部件之间具有正确的相对位置的本体。气缸采用气缸套结构，安装在气缸体上的缸套座孔中，便于气缸套磨损时维修或更换。

（二）曲轴

曲轴是往复式压缩机的主要部件之一，外界输入的转矩要通过曲轴传给连杆、十字头，从而推动活塞做往复运动，传递着压缩机的全部功率。曲轴的主要作用是将电动机的旋转运动通过连杆改变为活塞的往复直线运动。曲轴在运动时，承受拉、压、剪切、弯曲和扭转的交变复合负载，工作条件恶劣，要求具有足够的强度和刚度，且主轴颈与曲柄销应具有足够的耐磨性。故曲轴一般采用40、45或50优质碳素钢锻造（见图6-14）。

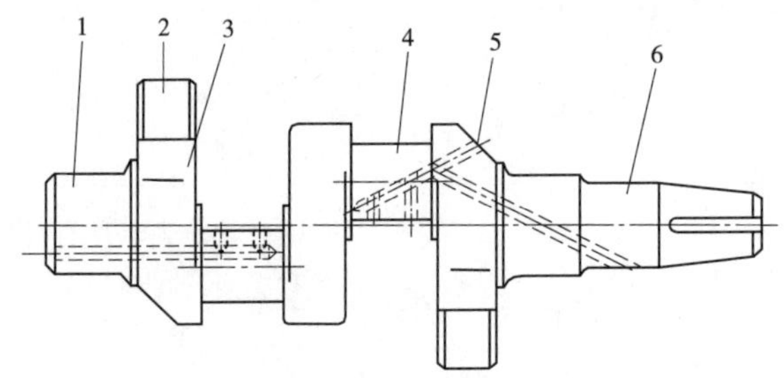

1—主轴颈（连接油泵端）；2—平衡块；3—曲柄；4—曲柄销；
5—油孔；6—轴颈（连接轴封处）

图6-14　往复式压缩机曲拐轴

（三）连杆

连杆是将作用在活塞上的各种力传递给曲轴，又将曲轴的旋转运动转换为活塞的往复运动的机件。连杆是曲轴与活塞间的连接件，它将曲轴的回转运动转换为活塞的往复运动，并把动力传递给活塞，对气体做功。连杆包括连杆体、连杆小头衬套、连杆大头轴瓦和连杆螺栓等（见图6-15）。

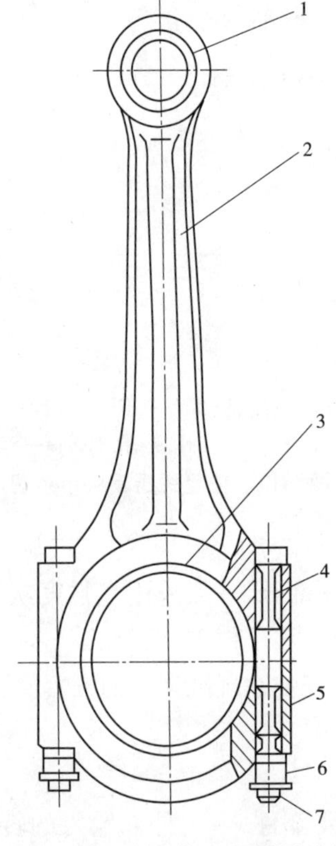

1—小头衬套；2—连杆体；3—连杆大头轴瓦；
4—连杆螺栓；5—大头盖；6—螺母；7—开口销

图6-15　往复式压缩机连杆组部件

（四）十字头

十字头（见图6-16）是连接活塞与连杆的零件，它具有导向作用。

图6-16　往复式压缩机十字头

十字头与活塞杆的连接形式分为螺纹连接、联接器连接、法兰连接等。

（五）活塞组

活塞组是活塞、活塞销及活塞环的总称。活塞组在连杆带动下，在气缸内做往复直线运动，从而与气缸等共同组成一个可变的工作容积，以实现膨胀、吸气、压缩、排气等过程。

（六）气阀

气阀是压缩机的一个重要部件，属于易损件。它的质量及工作状态的好坏直接影响压缩机的输气量、功率损耗和运转的可靠性。气阀包括吸气阀和排气阀，活塞每上下往复运动一次，吸、排气阀各启闭一次，从而控制压缩机并使其完成四个工作过程。

（七）轴封

轴封的作用在于防止压缩气体沿曲轴伸出端向外泄漏，或者是当曲轴箱内压力低于大气压时，防止外界空气漏入。

二、往复式压缩机的工作原理

如图6-17所示为往复式压缩机工作原理图。

原动机带动曲轴旋转，而曲轴通过连杆与活塞杆相连，连杆将曲轴的旋转运动转换为活塞的往复运动，活塞在气缸内对气体进行压缩。当曲轴旋转时，通过连杆的传动，活塞便做往复运动，由气缸内壁、气缸盖和活塞顶面所构成的工作容积则会发生周期性变化。活塞从气缸盖处开始运动时，气缸内的工作容积逐渐增大，这时，气体即沿着进气管，推开进气阀而进入气缸，直到工作容积变到最大，进气阀关闭；活塞反向运动时，气缸内工作容积缩小，气体压力升高，当气缸内压力达到并略高于排气压力时，排气阀打开，气体排出气缸，直到活塞运动到极限位置，排气阀关闭。当活塞再次反向运动时，上述过程重复出现。曲轴旋转一周，活塞往复一次，气缸内相继实现进气、压缩、排气的过程，即完成一个工作循环。

三、往复式压缩机的主要特点

（一）优点

（1）适用压力范围广，不论流量大小，均能达到所需压力。

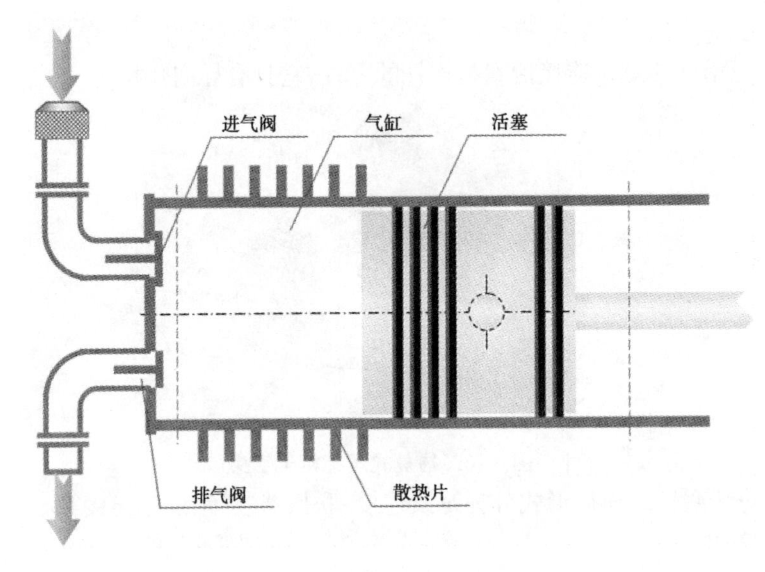

图 6-17　往复式压缩机工作原理图

(2)热效率高,单位耗电量少。

(3)适应性强,即排气范围较广,且不受压力高低影响,能适应较广阔的压力范围和制冷量要求。

(4)可维修性强。

(5)技术上较为成熟,生产使用中积累了丰富的经验。

(6)装置系统比较简单。

(二)缺点

(1)转速不高,机器大而重。

(2)结构复杂,易损件多,维修量大。

(3)排气不连续,造成气流脉动。

(4)运转时有较大的振动。

四、往复式压缩机的主要性能指标

(1)额定排气量。即为压缩机铭牌上标注的排气量,指压缩机在特定进口状态下的排气量,常用单位为 m^3/min、m^3/h。

(2)额定排气压力。即为压缩机铭牌上标注的排气压力,常用单位为 MPa、bar。

(3)活塞力。活塞在止点处所受到的气体力最大,因此将这时的气体力称为活塞力。

(4)级数。大中型往复式压缩机根据省功原则选择级数,通常情况下其各级压力比≤4。

五、润滑系统

(一)润滑的方式

润滑是压缩机中的重要问题之一,它不仅影响到压缩机的性能指标,而且跟压缩机的寿命、可靠性、安全性也直接相关。

压缩机的润滑方式可分为飞溅润滑和压力润滑两种类型。

飞溅润滑是利用运动零件的机械作用,将润滑油送至需要的摩擦表面,半封闭压缩机就有很多采用飞溅润滑方式。一方面在连杆大头下端装设甩油勺,将曲轴箱中的油甩向气缸镜面,润滑活塞与气缸壁之间的摩擦表面;另一方面,在电动机一端的轴上装有甩油盘,将油甩起并收集在电动机侧端盖的集油小室内,通过曲轴中的油道,润滑主轴承和连杆轴承。在某些小型立式开启式压缩机中,飞溅润滑仅依靠曲柄连杆机构的运动来实现。

现在设计的压缩机普遍采用压力润滑,注油器式润滑方式就属于压力润滑,一般应用于压力较高的气缸和填料润滑,曲轴、大头瓦、小头瓦、十字头属于低压循环润滑。

(二)润滑系统

图6-18为齿轮油泵压力润滑系统。

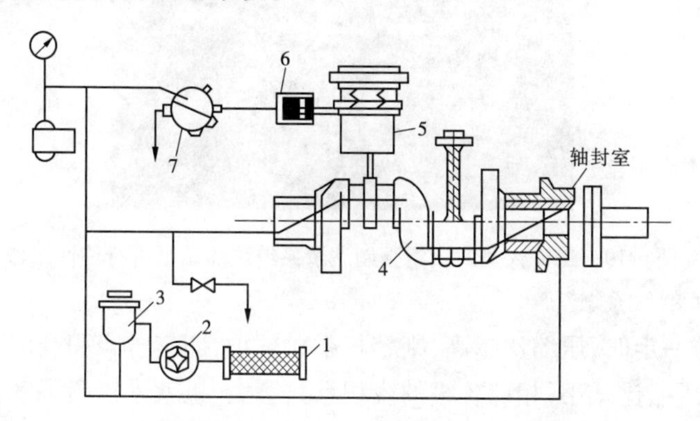

1—粗滤油器;2—油泵;3—精过滤器;4—曲轴;
5—连杆活塞组件;6—输气量调节机构;7—油压分配器

图6-18　齿轮油泵压力润滑系统

压缩机开机之前要对机组强制润滑系统注油单泵进行注油,使得机组各个注油点有油流过,保证各个部位能够及时有效地润滑,防止出现拉缸、磨损部件等情况。

图6-19为工作人员对机组强制润滑系统注油单泵进行注油工作。

六、往复式压缩机的多级压缩

实际生产中常常要求在几十、几百甚至上千个大气压下进行操作,这时压缩比达到几十或几百。这样大的压缩比,无论在理论上或者实际上都不可能在一个气缸内实现。当工艺上要求的压缩比大于8时,常采用多级压缩。

(一)采用多级压缩的理由

1.避免压缩后气体的温度过高

(1)排气的温度是随压缩比的增大而增大的。过高的温度会导致润滑油黏度降低,失去润滑性能,使运动部件间摩擦加剧,零件磨损,增加功耗。

(2)温度过高,润滑油易分解,而且油中的低沸点组分挥发并与空气混合,使油燃烧,严重时还会造成爆炸事故。

因此,温度过高是不允许的。

图 6-19　工作人员对机组强制润滑系统注油单泵进行注油工作

2. 提高气缸容积系数

当余隙系数一定时，压缩比越高，则容积系数越小，即气缸容积利用率越低，因此随着级数增多，每级压缩比减小，相应各级的容积系数增大，也就是提高了气缸容积利用率。

3. 减少功耗

在同样的总压缩比下，多级压缩采用了中间冷却器，消耗的总功比只用一级压缩时小，即提高了压缩机的经济性。

4. 使压缩机结构更为合理

若采用单级压缩，为了承受得住达到很高终压的气体，气缸做得很厚；为了吸入初压很低而体积很大的气体，气缸要做得很大。

若采用多级压缩，则气体每经过一级压缩后，压力逐渐增大，体积逐渐减小，气缸的直径可逐渐减小。

(二) 多级压缩的主要缺点

(1) 级数越多，整个压缩机系统结构越复杂。冷却器、油水分离器等辅助设备的数量几乎成比例地增加。所以，过多的级数也是不合理的，必须根据具体情况，恰当确定所需的级数。

(2) 级数越多，功率越省。但是级数越多，每增一级所减少的功率越少。故压缩机的级数，最好是通过经济权衡并视具体情况来决定。

七、往复式压缩机常见的故障及处理办法

故障一：曲轴箱异响

原因：

(1) 十字头销、十字头销盖松动。

(2)主轴瓦、十字头瓦、连杆瓦磨损或松动。
(3)油压低。
(4)油温低。
(5)油品不正确。
(6)气缸响。
处理办法:
(1)检查十字头销、十字头销盖是否松动,紧固松动部件。
(2)检查主轴瓦、十字头瓦及十字头轴瓦间隙,看是否磨损或松动,紧固或更换配件。
(3)检查油压是否低及有无漏失,增加油压,维修漏失。
(4)检查油温是否太低,加载前提升油温,减小机油节温器冷却水流量。
(5)检查油品是否正确,更换不正确油品。
(6)检查活塞螺母是否松动,并加以紧固。

故障二:压缩机不能启动

原因:
(1)驱动机故障。
(2)启动盘开关故障。
(3)油压启动开关故障。
(4)控制盘故障。
(5)气缸内压力过高。
(6)启动装置锁紧。
处理办法:
(1)检查驱动机是否有故障,重新调整动力。
(2)检查电路。
(3)检查油压,调整或更换开关。
(4)检查控制盘电路连接及设置。
(5)调整气缸内压力到正常值。
(6)检查启动装置是否锁紧,消除锁紧。

故障三:曲轴油封泄漏

原因:
(1)油封安装不正确。
(2)排油孔堵塞。
处理办法:
(1)按检修标准重新安装油封。
(2)清洗油封排污孔,清除堵塞物。

故障四:刮油环泄漏

原因:
(1)刮油环磨损。
(2)刮油环安装不正确。

(3)活塞杆磨损或划伤。

(4)环与活塞杆间隙过大。

处理办法:

(1)更换刮油环。

(2)检查刮油环安装是否正确,按检修标准安装。

(3)修复或更换活塞杆。

(4)更换活塞环和支承环。

故障五:油压低

原因:

(1)油泵气蚀。

(2)旋转部分拍打油面形成泡沫。

(3)油温低。

(4)滤油器脏。

(5)机体润滑油漏失。

(6)主轴承泄漏过量。

(7)调压阀压力设置低。

(8)油压表故障。

(9)油压调节阀失效。

(10)油池进口堵塞。

处理办法:

(1)修复或更换磨损的油泵。

(2)降低油池内的油位。

(3)利用曲轴箱浸入式加热器或使用电伴热加热。

(4)清洗滤油器或更换滤芯。

(5)检查油路。

(6)调整主轴承间隙。

(7)重新设置调压阀压力。

(8)更换油压表。

(9)调整、修理或更换油压调节阀。

(10)清洗油池进口管。

故障六:气缸内异响

原因:

(1)活塞松动。

(2)活塞撞击外端或内端。

(3)十字头锁紧螺母松动。

(4)气阀泄漏或损坏。

(5)活塞环损坏。

(6)阀密封气垫破损。

处理办法:
(1)检查活塞螺母是否松动,上紧松动螺母。
(2)检查活塞外端或内端余隙,调整到正确位置。
(3)上紧十字头锁紧螺母。
(4)检查气阀是否有漏失或损坏,修理或更换气阀。
(5)更换损坏的活塞环。
(6)更换密封气垫。

故障七:盘根过热

原因:
(1)润滑故障。
(2)润滑油不合格或油量不足。
(3)冷却水不充分(特别是水冷盘根)。
(4)间隙不正确。
处理办法:
(1)更换润滑油单流阀或润滑油泵。
(2)使用合格油品,增加润滑油量。
(3)降低冷却水进口温度。
(4)调整间隙。

故障八:阀上积碳太多

原因:
(1)气缸润滑油太多。
(2)气缸润滑油不合格。
(3)进口或供给处来油携带碳。
(4)阀泄漏或损坏,导致高温。
(5)通过气缸的压力梯度过大,高温。
处理办法:
(1)减少供油量。
(2)使用合格的润滑油。
(3)安装过滤分离器或排污系统。
(4)修理或更换气阀组件。
(5)查看气缸内气阀,清洗水套。

故障九:排气温度高

原因:
(1)进气阀或活塞泄漏。
(2)排气阀或活塞环泄漏。
(3)进气温度高。
(4)水缸水套堵水。
(5)气缸润滑油不合格或流量不足。

处理办法：

(1)修理或更换漏气的进气阀或活塞环。

(2)修理或更换排气阀或活塞环。

(3)清洗空冷器。

(4)清洗气缸水套。

(5)使用合格的润滑油和正确的流量。

第七章 通球扫线

一、清管的目的

输气管道的输送效率和使用寿命很大程度上取决于管道内壁的清洁状况。

输气管道长时间在野外施工,管内会进入大量的污水、淤泥、石块等,投产后,天然气会从气井中携带一部分凝析油、地层水等,这些杂质在输气管道中会造成管道内壁的腐蚀,堵塞管道,增加管道的阻力,从而降低管道的输送效率。

$$\text{杂质}\left\{\begin{matrix}\text{污水}\\ \text{淤泥石块}\\ \text{机械杂质}\\ H_2S\text{、}CO_2\end{matrix}\right\}\text{清管}$$

为了解决以上问题,进行管道内部和内壁的清扫是十分必要的,因此清管是管道施工和生产管理的重要工艺措施。由以上可归纳出清管的目的有以下几点:

(1)清除管线低洼处的积水,使管内壁免遭电解质的腐蚀,降低 H_2S、CO_2 对管道的腐蚀,避免管内积水冲刷管内壁使管壁减薄,从而延长管线的使用寿命。

(2)改善管线内部的光洁度,减小摩阻损失,增加通过量,从而提到管线的输送效率。

(3)扫除输气管内积存的腐蚀产物。

(4)进行管内检测。

二、清管器的分类

在清管作业中,为了清除管道内的杂质,我们常常借用清管器进行清管操作。输气生产中常用的清管器有四类:清管球、皮碗清管器和泡沫清管器、清管刷。

(一)清管球

1. 清管球概述

清管球是用耐磨的橡胶制成的圆球,中空($DN > 100$ mm),壁厚为 30 ~ 50 mm,球上有 1 个可以密封的注水排气孔。注水孔有加压用的单向阀,用以控制打入球内的水量,调节清管球直径对管道内径的过盈量。

图 7-1 为清管球示意图。

2. 清管球的特点

清管球的变形能力好,能越过块状物体等障碍,能通过管道变形处,而且可以在管道内做任意方向的转动。

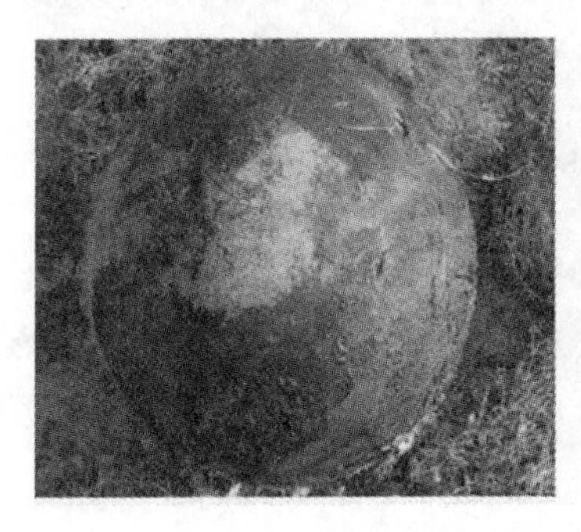

图 7-1　清管球示意图

当管道温度低于 0 ℃时,球内应灌注防止凝固的液体,以防止冻结。

3. 清管球的密封

清管球的密封主要靠球体的过盈量,这就要求清管球在注水时一定要将球内空气排净,保证注水的严密性,否则清管球进入压力管道后的过盈量就得不到保证。

4. 清管球的主要用途

清管球的主要用途是清除管道积液和分隔介质,清除块状物体的效果较差。

(二)皮碗清管器

1. 皮碗清管器的概述

皮碗清管器由一个刚性骨架和前后两节或多节皮碗构成(见图 7-2)。它在管内运行时,保持固定的方向,所以能够携带各种检测仪器和装置。清管器的皮碗形状是决定清管器性能的一个重要因素,皮碗的形状必须与各类清管器的用途相适应。

图 7-2　皮碗清管器

我国输气干线上使用的皮碗清管器长度一般为管径的 1.25 ~ 1.35 倍。

2. 皮碗清管器的特点

皮碗清管器由橡胶皮碗、压板法兰、导向器及发讯器护罩组成。它是利用皮碗边裙对管道的 1% ~4% 过盈量与管壁紧贴而达到密封的,清管器由其前、后天然气的压差推动前进。

3. 皮碗清管器的适用范围

皮碗清管器密封性能良好,它不仅能推出管道内积液,而且推出固体杂质的效果远比清管球好。

(三)泡沫清管器

1. 泡沫清管器的概述

泡沫清管器外貌呈炮弹形,头部为半球形或抛物线形,外径比管道内径大 2% ~4%,

尾部呈蝶形的凸面，内部芯体为高密度泡沫，表面涂有聚氨酯材料。

图 7-3 为泡沫清管器示意图。

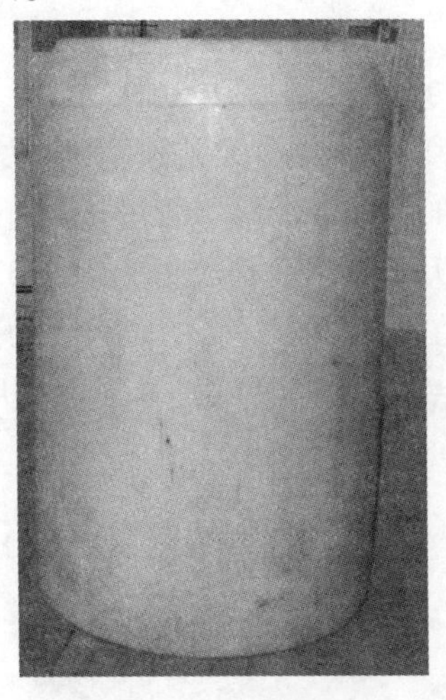

图 7-3　泡沫清管器

2. 泡沫清管器的特点

这类清管器的密封性能较好，使清管器前后形成压差，推动清管器向前运行。与刚性清管器相比，有很好的变形能力与弹性。在压力作用下，它可以与管壁形成良好的密封，能顺利通过各种弯头、阀门和变径管。

3. 泡沫清管器的适用范围

泡沫清管器特别适合清扫带有内涂层的长输大口径输气管道，但是清除强度不如刷式清管器高。

（四）清管刷

清管刷也称直板清管器，即用直板代替皮碗，其他均与皮碗清管器相同。皮碗和直板亦可组合使用，清管效果非常好，如图 7-4 所示。

图 7-4　清管刷

三、清管的几项工艺参数

（一）清管器的运行距离

密封良好，没有泄流孔的清管器的运行距离为：

$$L = \frac{4Q_0P_0TZ}{\pi D^2T_0P}$$

式中　L——清管器的运行距离，m；

Q_0——发球后的累计进气量(标准条件下),m^3;

D——输气管内径,m;

P_0——标准条件下的压力,Pa;

T_0——标准条件下的温度,K;

P 、T 、Z——清管球后管段内天然气平均压力因子、温度因子和压缩因子。

【例7-1】 一条管径为$\phi 600 \times 25$ mm 输气管进行清管作业,标况下,发球后的累计进气量 Q_0为 500 m^3,球后管段中天然气的平均压力为 44.13 个大气压,温度为 10 ℃,天然气压缩因子 $Z=1$,问该清管球在此管段中运行的距离 L 为多少?

解:根据已知条件可得:$Q_0=500\ m^3$ $D=0.6\ m$ $P_0=0.101\ 325\ MPa$ $T_0=293.15\ K$

$P=44.13 \times 0.101\ 325\ MPa$ $T=283.15\ K$ $Z=1$

据:

$$L=\frac{4Q_0P_0TZ}{\pi D^2T_0P}$$

可得,$L=38.72$ m。

(二)清管器的运行速度

$$\bar{v}=\frac{L}{t}$$

当输气管线内的污水不多,球的严密性较好,推球压力、气量也比较稳定时,球运行的平均速度与管内天然气平均速度基本一致。

(三)清管器前后压差

正常输气条件下通球,必须正确估计最大推球压差,在不影响天然气输送的前提下,可调整输气压力和平衡气量。影响最大推球压差的因素很多,如:在清管器爬坡时推举水柱的力;球与管壁的摩擦阻力;气流、水流与管壁的摩擦力;由于爬坡或脏物卡球等。在这些因素中,起主要作用的就是球前水柱的静压力及污水与管壁的摩擦阻力。在输气量大时还应计入正常输气压力损失。因此,通球前应根据地形高差、污水情况和目前输气压力差,以及过去的清管实践资料进行综合分析,估计通球所需要的最大推球压差。

四、清管的收发球装置及流程

清管器的收发球装置主要包括收发球筒、工艺管线、阀门以及装卸工具等附属设备。图 7-5 为输气场站收发球工艺图。

图 7-5 输气场站收发球工艺图

（一）收发球筒

收发球筒(见图7-6)是收发球的主要装置。包括筒体、喉部(大小头部)、快开盲板机构、密封件以及其他附属装置(如压力表、球过指示器、平衡阀、放空阀、排污阀及相应的管线)。

图7-6　收发球筒

清管收发球筒的直径比输气管线的公称直径大1~2倍。

（二）接收清管器操作

接收清管器操作的总体步骤见图7-7。

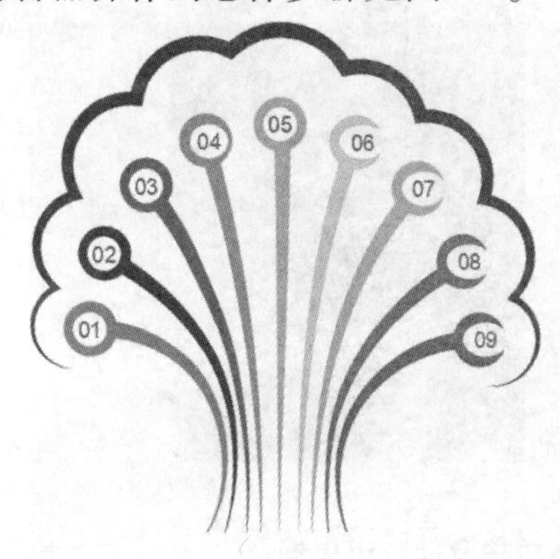

01 劳保用品及工具、用具准备
02 前往工艺区及检查工作
03 接收清管器工艺设备操作
04 氮气置换
05 收球筒内注水作业(湿式作业)
06 取出清管器操作并进行保养
07 进行二次置换操作
08 收球筒内充压实验
09 现场整理并报告调控中心

图7-7　接收清管器操作的总体步骤

第一步:劳保用品及工具、用具准备。

(1)正确佩戴劳保用品(见图7-8)。

(2)正确选取工器具。

(3)正确选取维保物资。

(4)选备消防器材及通信工具。

第二步:前往工艺区及进行检查工作。

1.前往工艺区(见图7-9)

(1)触摸收球区静电释放柱,释放人体携带静电,防止产生静电火花现象。

(2)查看现场干粉灭火器铅封是否完好,是否存在欠压现象,胶管是否老化且不得存在松动现象,确保能够正常使用。

图 7-8　劳保用品佩戴

(3)对收球区及进站区进行警戒,悬挂“正在执行工艺流程切换,非操作人员请勿靠近”,派专人在警戒区出入口进行监护。

图 7-9　触摸静电释放柱及检查灭火器

2. 检查工作(见图 7-10)

(1)检查收球筒上的压力表是否完好。

(2)检查球过指示器是否灵活好用,是否已复位。

(3)检查阀门的启闭状态。

(4)打开放空阀对球筒内压力进行放空,检查压力表指针是否为零、安全锁环按钮是否被缩进,当压力为零时,则关闭放空阀。

第三步:接收清管器工艺设备操作。

(1)接到清管器已通过上游最后一个阀室监测点通知后,缓慢打开收球筒平衡阀,观察收球筒前后压力表示数是否一致(见图 7-11)。

(2)待收球筒前后压力平衡后缓慢打开筒前进球阀(见图 7-12)。

图 7-10 检查压力表及球过指示器是否完好

图 7-11 开平衡阀操作

图 7-12 打开筒前进球阀

(3)关闭进站阀,切换到收球流程(见图 7-13)。

(4)对收球流程各连接部位进行验漏,证明无漏点(见图 7-14)。

图 7-13 关闭进站阀

图 7-14 第一次验漏

(5)根据计算清管器到达的时间,在清管器到站前约 20 min,由专人控制平衡阀的开度,合理控制气体的流速,打开排污球阀和排污阀进行试排污操作,派专人查看排污池中是否有污水,确认没有污水后关闭排污阀及排污球阀(见图 7-15)。

(6)观察收球筒上的球过指示器,确认清管器进入收球筒后,记录收球时间,并报告调度中心(见图 7-16)。

图 7-15　试排污操作

图 7-16　报告调控中心

(7)恢复正常输气流程(见图 7-17)。

①缓慢打开进站阀。

②缓慢关闭平衡阀。

③关闭筒前进球阀, 恢复正常的输气生产流程。

(8)对正常输气流程各连接部位进行验漏,确认无漏点(见图 7-18)。

图 7-17　恢复正常输气流程

图 7-18　第二次验漏

(9)排污操作(见图 7-19)。

①缓慢打开放空阀对筒内进行放空,当筒内压力降至 0.2 MPa 时,关闭放空阀。

②缓慢全开排污球阀,合理控制排污阀的开度,对筒内进行排污,当筒内压力为零后,直至无液体或污物排出,缓慢关闭排污阀、排污球阀。

第四步:氮气置换操作。

(1)从注氮孔向收球筒内进行氮气置换工作,连接好注氮装置后,打开放空阀,再打

图 7-19　排污操作

开注氮阀。

（2）打开压力表后丝堵，用甲烷气体检测仪在丝堵口处对天然气进行含量检测。

（3）氮气置换合格后，关闭注氮阀，关闭放空阀，拆除注氮装置。

第五步：收球筒内注水作业（湿式作业）。

（1）从注水孔对筒内进行注水操作，连接注水管，打开排污球阀和排污阀。

（2）派专人在排污池查看，当筒内排出干净的清水后关闭注水阀，关闭排污阀、排污球阀。

第六步：取出清管器操作并进行保养操作。

（1）打开快开盲板（见图 7-20）。

①打开快开盲板时将排污桶放在快开盲板处。

②查看锁环按钮为缩进状态，拧下防爆螺杆，然后进镶块螺孔，取下镶块，用左手握住盲板加力杆压下锁环，站在盲板外侧用右手握住盲板推杆打开快开盲板，同时恢复锁环。

（2）打开快开盲板，同时向收球筒内注水，用专用工具取出清管器，同时向清管器上喷水（见图 7-21）。

图 7-20　打开快开盲板

图 7-21　取出清管器

（3）清除剩余污物（见图 7-22）。

（4）擦拭快开盲板密封面，并涂抹黄油（见图 7-23）。

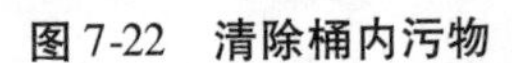

图 7-22　清除桶内污物

图 7-23　密封面保养

(5)更换防爆螺杆根部 O 形密封圈,缓慢关闭快开盲板(见图 7-24)。

图 7-24　更换 O 形密封圈

第七步:二次置换操作。

(1)从注氮孔向收球筒内进行氮气置换工作,连接好注氮装置后,打开放空阀,打开注氮阀。

(2)打开压力表后丝堵,用甲烷气体检测仪在丝堵口处对天然气进行含量检测。

(3)氮气置换合格后,关闭注氮阀,关闭放空阀,拆除注氮装置。

第八步:收球筒内充压实验操作。

(1)打开平衡阀向桶内充压,再次检查收球装置的严密性,验漏合格后打开放空阀将筒内压力放空为零。

(2)检查压力表指针是否指零,检查安全锁芯是否缩进。

(3)恢复清管器球过指示器的原始状态。

第九步:现场整理并报告调控中心。

(1)清扫场地。

(2)填写报表记录,测量清管器直径等。

(3)工器具卫生清洁,最后将工具摆放至库房。

报告调控:

报告调控中心本站已完成正常收球任务，目前场站工艺流程处于正常输气流程。

备注：

(1)进行安全教育。此项操作前已进行现场技术交底，确认各岗职责，做好安全教育。

(2)安全文明生产。按照燃气行业文明生产的规定进行操作。

五、清管球在运行中的故障及处理

(一)与管壁密封不严漏气而引起清管球停止运动

由于橡胶清管球质地较软，球下可碾进管内硬物(如石块)而在管线低洼部或弯头处把球垫起，使球与管壁间出现缝隙而漏气，造成球停止运行。

处理方法：发第二个球顶走第一个球。

(二)球破

处理方法：检查和判断球破原因，排除故障后，再发一个球推顶破球运行。

(三)球推力不足

输气管线内污水污物太多，球在高差较大的山坡上运行、球前静液柱压头和摩擦阻力损失之和等于推球压差时，球将不能推走污水而停止运行，此时可根据计算球的位置及管线高差图分析，当推球压力不断上升，推球压差增大，且计算所得球的位置又在高坡下时，可判断为推力不足。

处理方法：一般增大球后进气量，提高推球压力。当球后压力升高到管线允许工作压力时，球仍不能运行，则可采用先排气，增大推球压差的方法，直到翻过高坡。

(四)卡球

当球后压力持续上升，球前压力下降，推球压差已高于管线最大高差的静水压头1.2～1.6倍以上时球仍不运行，称为卡球。

处理方法：

(1)增大进气量，提高推球压力，排放球前天然气引球解卡。

(2)球后放空，球前停止供气，使球反向运行，再正向运行。

(3)若堵塞污物太多或管线变形较严重，球正向运行到原卡球处仍然被卡，则应将管线放空，根据容积法计算球的位置，割开管线，清除堵塞的石块污物或更换变形的管段。

第八章　加臭装置

一、加臭专业术语

(一)加臭量

加臭量指在单位体积燃气中加入加臭剂的数量。

(二)加臭剂注入喷嘴

加臭剂注入喷嘴指使加臭剂进入燃气管道,并使加臭剂汽化或雾化的部件。

(三)计量泵

计量泵指直流电磁驱动柱塞式隔膜泵。所谓计量是指注射量可预先设定,根据注射次数可计算总注射量。

(四)单次注射量

单次注射量指计量泵工作一次输出介质量,单位为 mg。

(五)标准加臭量

标准加臭量指每标准立方米燃气的加臭剂加入量,单位为 mg/m^3。

(六)注射频率

注射频率指每分钟计量泵工作次数。

$$\text{注射频率} = \frac{\text{燃气流量} \times \text{标准加臭量}}{\text{单次注射量}} = N\text{次}/\text{min}$$

(七)加臭精度

单位体积燃气内加入的加臭剂量与设定加臭剂量误差的百分比。

(八)浊点

在规定条件下,将一液体进行冷却,开始有晶体出现而呈雾状或浑浊时的温度称为浊点。

二、加臭装置工艺流程

(一)加臭装置工艺流程

加臭装置工艺流程见图 8-1。

(二)加臭装置加臭点开孔示意图

加臭装置加臭点开孔示意图见图 8-2。

三、几种常见的加臭方法

常见的加臭方法有排液泵式加臭法、液滴式(差压式)加臭法、仪表传动泵式加臭法、

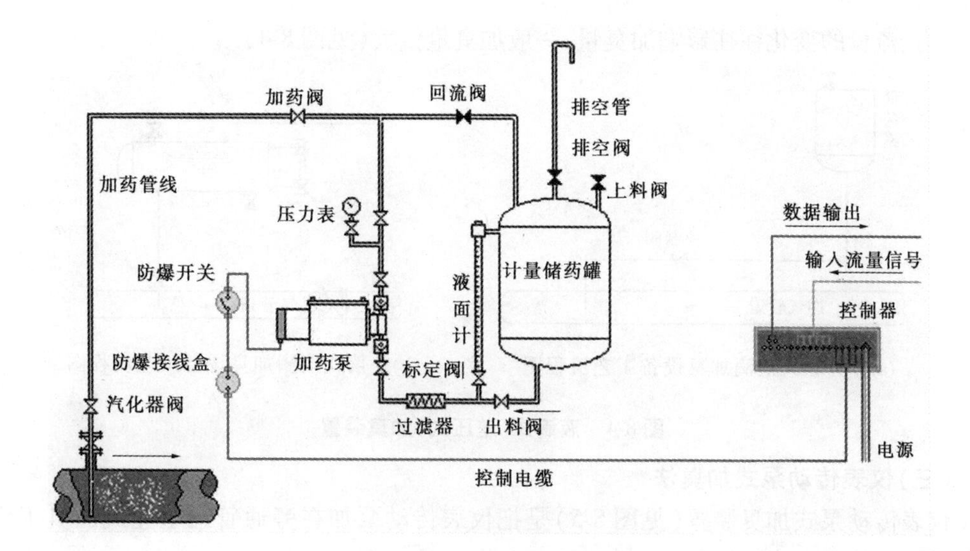

图 8-1　加臭装置工艺流程

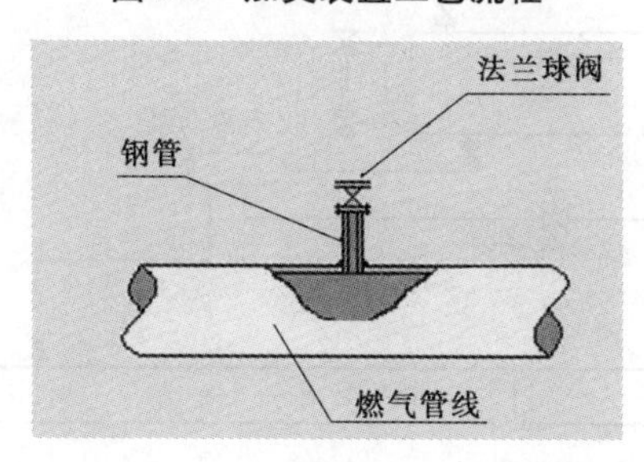

图 8-2　加臭装置加臭点开孔示意图

引射式加臭法、旁通吸收式加臭法等。

(一)排液泵式加臭法

该设备是根据流量的变化自动运转排液泵向管道精确加臭(见图 8-3)。不受管道内燃气流量、温度、压力变化影响;全密闭工作;故障率低。但设备造价及复杂程度较高。

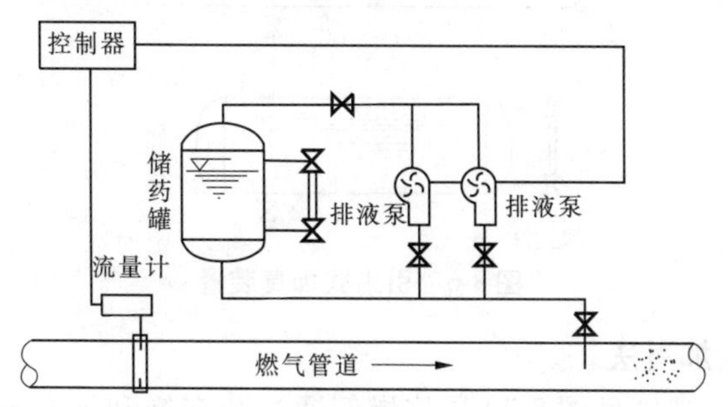

图 8-3　排液泵式加臭装置

(二)液滴式(差压式)加臭法

液滴式加臭设备(包括非补偿式和补偿式两种)是一种最为简单的加臭设备,用一个手阀门即可简单控制加臭,这种设备不耗电力,安全可靠,但难以控制合理的加臭量,温度、压力、流量的变化往往影响加臭量，一般加臭量偏大(见图 8-4)。

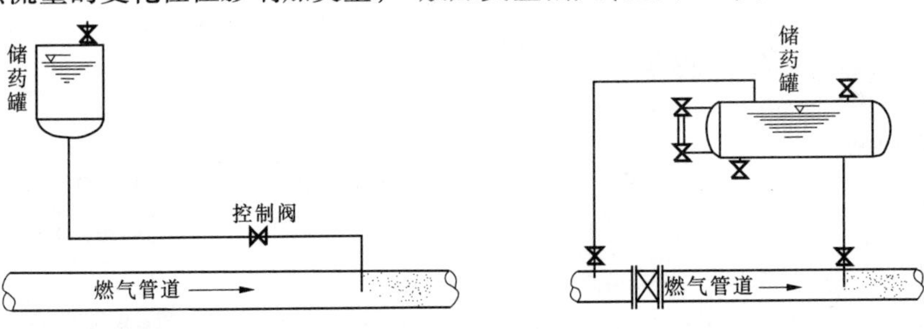

(a)非补偿式液滴加臭设备工艺流程图　　(b)补偿式液滴加臭设备工艺流程图

图 8-4　液滴式(差压式)加臭装置

(三)仪表传动泵式加臭法

仪表传动泵式加臭装置(见图 8-5)是把仪表传动泵加在旁通管道上完成加臭工作，这种设备结构复杂难以控制。

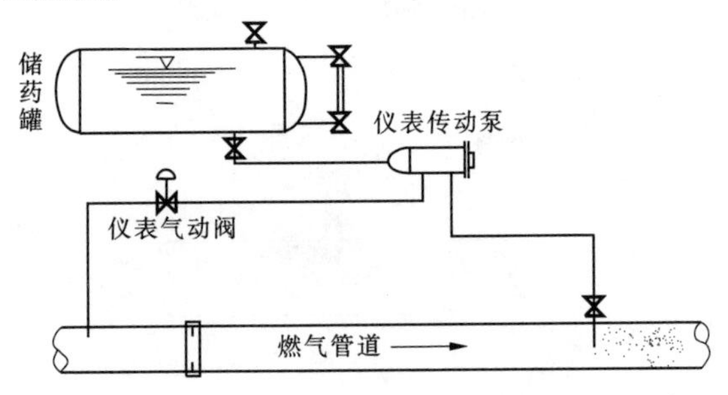

图 8-5　仪表传动泵式加臭装置

(四)引射式加臭法

引射式加臭设备(见图 8-6)利用空气动力学引射原理把汽化的臭气吸入燃气管道中实现加臭，不用电，设备简单，但加臭量十分难以控制，对流量、温度、压力变化十分敏感。

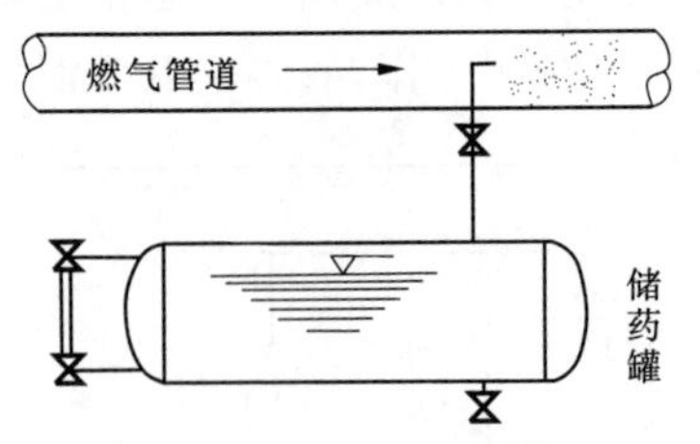

图 8-6　引射式加臭装置

(五)旁通吸收式加臭法

旁通吸收式加臭装置(见图 8-7)是将燃气通过装有饱和加臭剂气体的储罐，从而使加臭剂气体混入燃气而排出，实现加臭工作，这种加臭设备对温度、压力、流量的变化十分敏感，加臭浓度难以控制，但设备配置较为简单、易行，不耗电力。

以上除排液泵式加臭方式外的其他加臭设备虽简单，但都不能精确控制加臭量，往往加臭剂浪费量较大，特别是在四季温度变化和供气不均匀的高低峰状态下，加臭量很难精

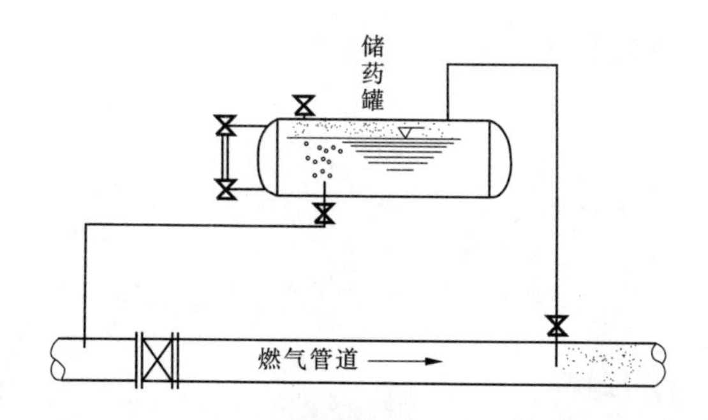

图 8-7　旁通吸收式加臭装置

准控制。有的储药罐是压力容器，操作复杂，难以掌握，国家加臭技术规程也没有涉及，因此不建议使用。

四、排液泵式加臭工作原理

（一）加臭机工作原理

加臭机工作原理如图 8-8 所示。

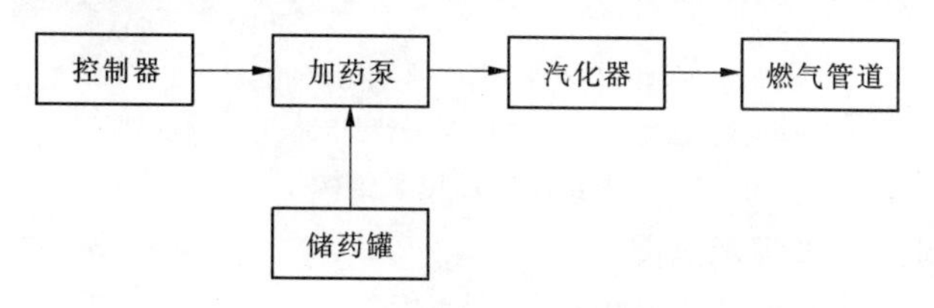

图 8-8　加臭机原理方框图

通过控制器发出加药指令信号传递给加药泵，加药泵工作，从储药罐内吸出药剂加入到燃气管道中，汽化器与燃气管道和加药设备主体相连接，加药泵排出的药剂通过汽化器进入燃气管道中，汽化药剂与燃气混合实现加臭工作。

（二）加臭泵工作原理

加臭泵工作原理见图 8-9、图 8-10。

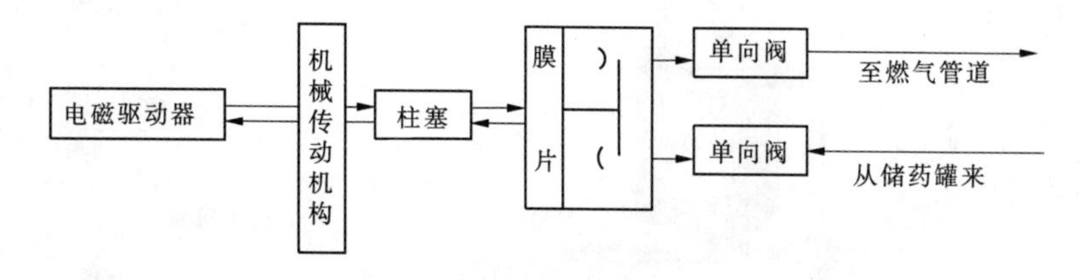

图 8-9　加臭泵工作原理方框图

加臭机的核心设备加臭泵，它是一台电磁驱动的隔膜式柱塞泵，它的主要部件有电磁驱动器、泵壳、机械传动、油缸、膜片、泵头、单向阀。该泵的动力源是电磁驱动器，靠电磁驱动器往复移动带动柱塞往复移动，在柱塞内循环产生正压和负压，油压作用到膜片上迫使膜片正反向轮回变形，促使膜片另一侧也随之循环产生正压和负压，由于膜片另侧设有两个单向阀，使药剂只向一个方向流动，即负压时从储药罐内吸入药剂，正压时向输出端排出。

机械传动机构传递电磁驱动器的运动至柱塞,同时可以调节柱塞运动的行程,控制加药泵的单次输出量。

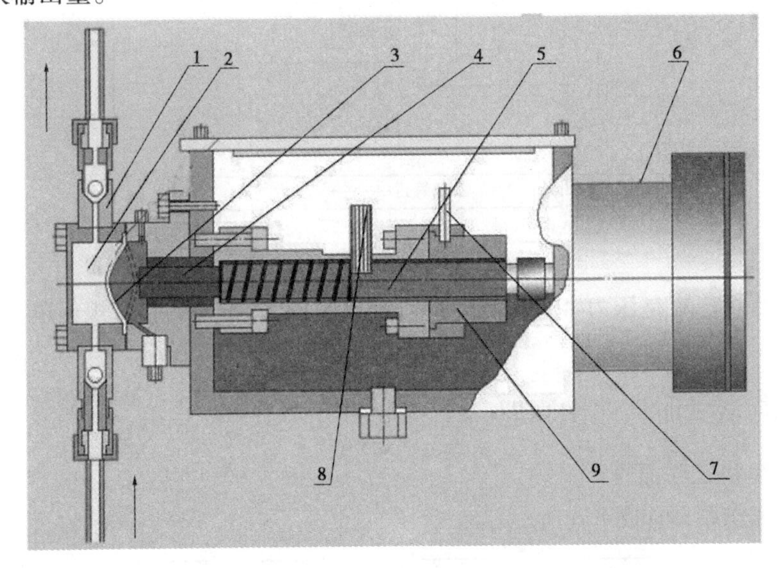

1—单向阀;2—物料腔;3—膜片;4—液压油缸;5—工作轴;
6—电磁启动器;7—提拉锁;8—行程指针;9—行程螺杆

图 8-10 加臭泵结构

(三)气体压料工艺过程示意图

气体压料工艺过程示意图见图 8-11。

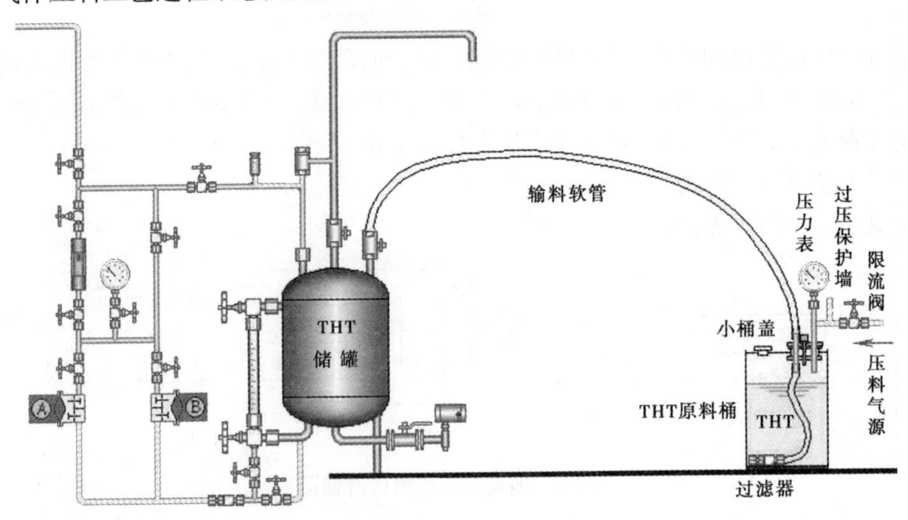

图 8-11 气体压料工艺过程示意图

五、加臭装置的运行操作

(一)加臭标准设定

加臭标准设定,按照燃气种类和用户要求进行设定,加臭标准不能低于国家标准,单

位为 mg/m^3。

（二）加臭泵单次输出量与燃气流量的换算关系

加臭泵单次输出量与燃气流量的换算关系为：

$$QS = DF \times 60$$

式中　Q——最大燃气流量，m^3/h；

S——加臭标准，mg/m^3；

D——单次输出量，mg/次；

F——最高工作频率，次/分。

（三）需要设定的参数

（1）最大燃气流量，m^3/h；

（2）单次输出量，mg/次；

（3）最高工作频率，次/分；

（4）液位及高低报警点，mm；

（5）加臭量数据输出打印时间及时间间隔，h。

（四）加臭设备运行操作

1. 开机运行程序

（1）关闭加臭阀，打开回流阀、标定阀、出料阀、压力表阀、泵的出口阀和入口阀。

（2）确认各个阀门的开闭处于正确状态，打开控制器调整至所需的运行模式，检查控制器各个参数设置、参数显示、打印输出等项目，确认控制器工作正常。

（3）闭合设备的防爆开关，使加臭泵工作，让设备通过回流进行自检运行。

（4）检查液位等信号反馈是否正常，检查输出监视仪上的输出指示是否正常。

（5）打开标定阀，关闭出料阀，检查泵的回流状态单次输出量，检查后在标定管内无加臭剂时立即关闭标定阀，打开出料阀。

（6）各部自检运行正常后关闭回流阀，5 s 内立即打开加臭阀，让设备向燃气管道内加臭。

（7）进行带压力标定加臭剂单次输出量操作，调整到设定的单次输出量。

（8）运行 1 h 或更长时间后核对加臭剂输出量和控制器累计数据以及打印数据与燃气流量的比例关系，计算出单位加臭量是否符合加臭标准，并及时进行参数调整或对泵进行调整。

2. 单次输出量标定方法

（1）按燃气流量和加臭标准计算泵的单行程输出量。

（2）打开标定阀，关闭出料阀，使泵工作时加臭剂只能从玻璃标定管内排出。

（3）按标定管的刻度调整泵的单行程输出量。

（4）泵的单行程输出量计算。

例如：燃气流量 $Q = 0 \sim 15\ 000\ m^3/h$，加臭标准 $S = 20\ mg/m^3$，泵的工作频率 $F = 0 \sim 50$ 次/分，泵的单行程输出量 $D = 50 \sim 500$ mg，泵的单行程输出量：$15\ 000 \times 20 \div (50 \times 60) = 100$ mg/次。

第九章　加热设备

第一节　电伴热系统

一、伴热原因

在工业生产过程中为了保证生产的正常运行和节约能源，大多数的设备和管道都要采取隔热（保温）措施。但是，在工艺介质的存储和传输过程中散热损失是不可避免的。散热就意味着设备和管道中介质温度的降低。

为了保证生产的正常运行和节约能源，在生产、存储和运输的过程中就必须从设备和管道的外部或内部给介质补充热量，这就是伴热的目的。

伴热和加热不同，伴热只是补充介质热量的损失，维持一定的温度，避免介质温度的降低带来的问题，一般维持温度都低于操作温度。加热则要求给介质提供大量的热量，使得介质温度高于原来的温度（如管道介质的进口温度）。因此，加热比伴热需要消耗更多的能量。

二、自限式电伴热带

（一）自限式电伴热带的工作原理

电伴热带接通电源后（注意尾端线芯不得连接），电流由一根线芯经过导电的 PTC 材料到另一线芯而形成回路（见图 9-1）。电能使导电材料升温，其电阻随即增加，当芯带温度升至某值之后，电阻大到几乎阻断电流的程度，其温度不再升高，与此同时电伴热带向

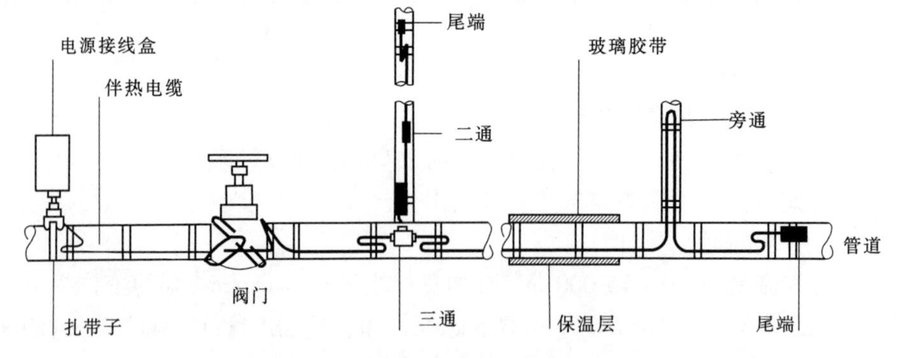

图 9-1　自限式电伴热带的工作原理

温度较低的被加热体系传热。电伴热带的功率主要受控于传热过程，随被加热体系的温度自动调节输出功率。

（二）自限式电伴热带的优点

这种电伴热带可以使电伴热管线上的每一点随着周围温度的变化而改变发热量。温度升高时，电伴热带可以自动降低发热量。温度降低时，电伴热带可以自动提高发热量。这种自控性可以随时补偿温度的变化，避免电伴热带过热或发热不足。

三、电伴热的安装图示

（一）缠绕安装

电伴热的缠绕方式见图 9-2。

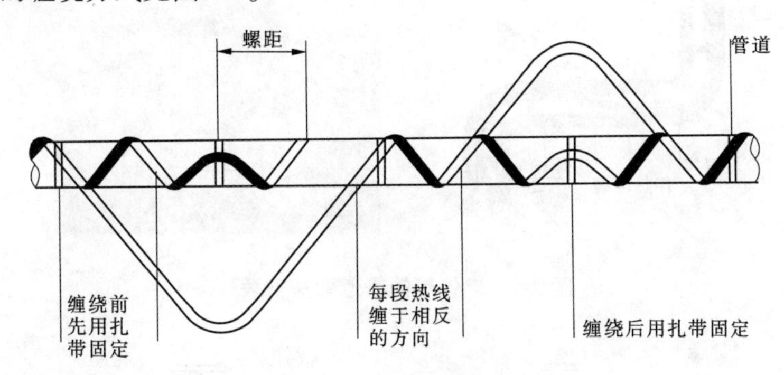

图 9-2　电伴热的缠绕方式

（二）管道支架安装

电伴热的管道支架安装见图 9-3。

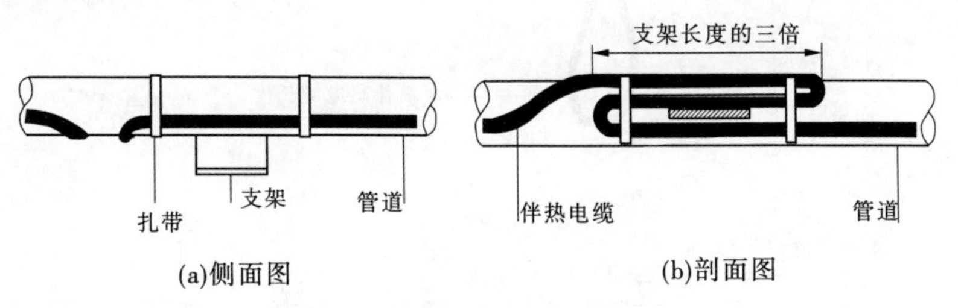

图 9-3　电伴热的管道支架安装

（三）管道三通安装

电伴热的管道三通安装见图 9-4。

（四）管道弯头安装

电伴热的管道弯头安装见图 9-5。

（五）阀门安装

电伴热的阀门安装见图 9-6。

（六）干式过滤器

电伴热的干式过滤器安装见图 9-7。

图 9-4　电伴热的管道三通安装

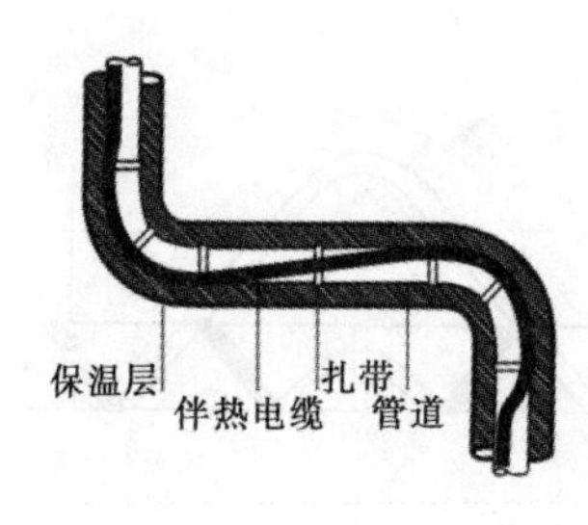

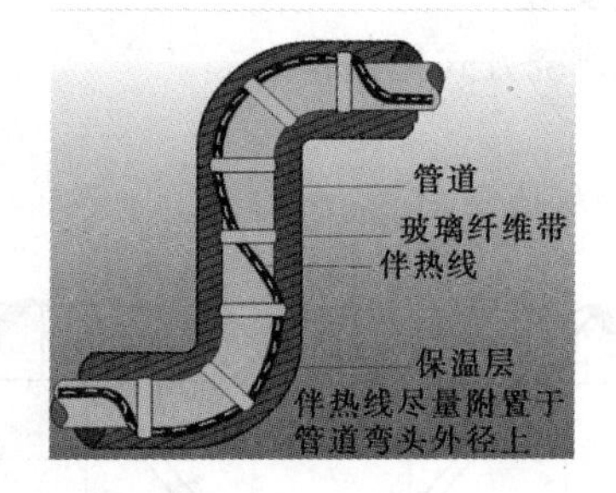

图 9-5　电伴热的管道弯头安装

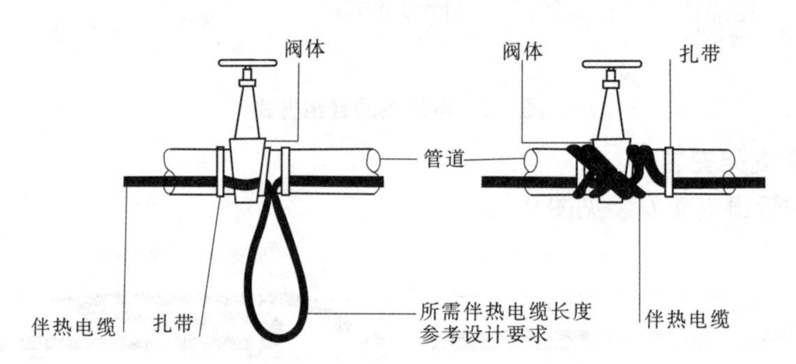

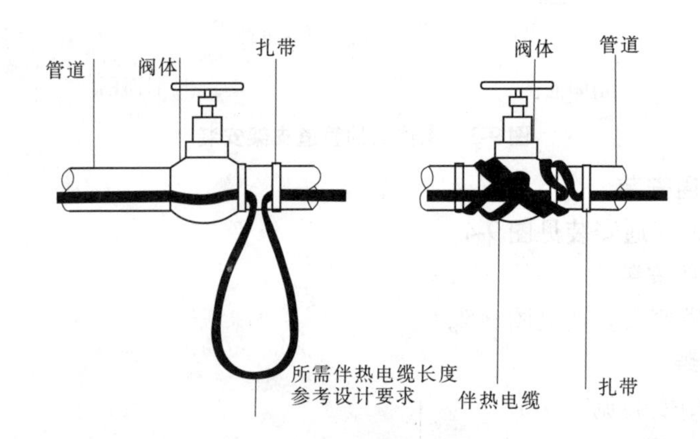

图 9-6　电伴热的阀门安装

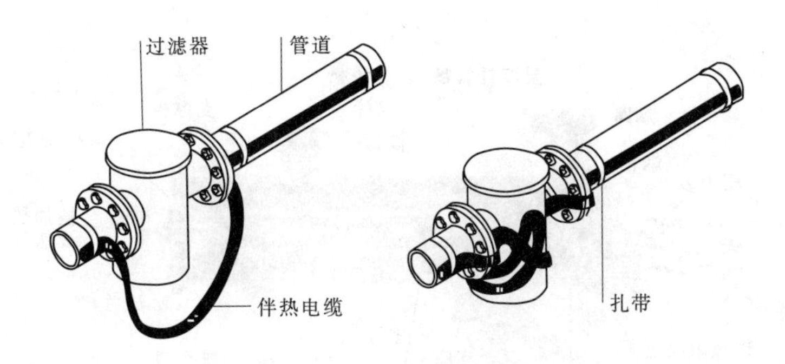

图 9-7　电伴热的干式过滤器安装

(七)压力表

电伴热的压力表安装见图 9-8。

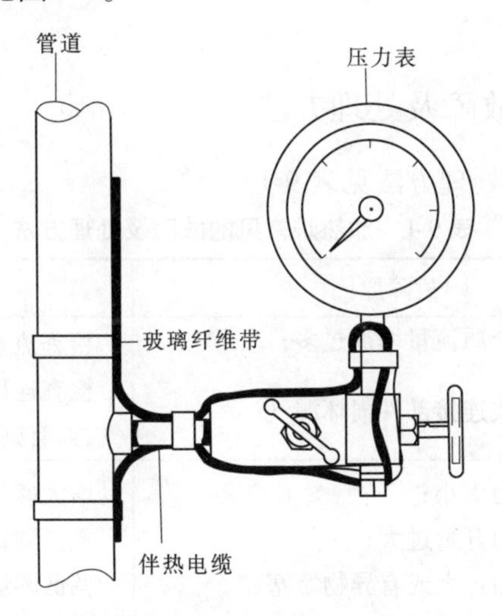

图 9-8　电伴热的压力表安装

第二节　加热炉

一、加热炉主要加热原理

加热炉主要由加热炉本体、加热系统和燃气管路以及温度控制系统组成(见图 9-9)。

(一)加热炉本体

加热炉本体主要由炉体、燃烧系统、被加热介质盘管、烟囱、操作平台、扶梯、防爆门、人孔等部分组成。燃料燃烧产生的热量经过燃烧系统散热,使炉体内的中间热载体——水升温,进而使浸在水中的被加热介质盘管与水进行换热,从而达到盘管内介质被加热的目的。

(二)加热系统

加热炉加热系统主要由燃气管线部分和燃烧器组成。燃气管线部分配有切断球阀、

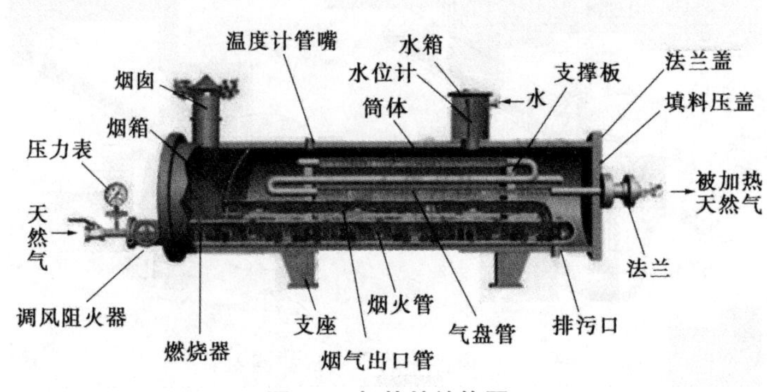

图 9-9　加热炉结构图

气体过滤器、调压器、稳压阀及压力就地显示仪表，方便操作和调节，为燃烧器的燃烧提供合格充足的燃料来源。

二、加热炉常见的故障及处理方法

加热炉常见的故障及处理方法见表 9-1。

表 9-1　加热炉常见的故障及处理方法

序号	故障	故障原因	处理方法
1	被加热介质温度下降	被加热介质流量增加过多； 燃气管线连接部件损坏漏气	检查流量是否过大，并调整； 检查连接部件及连接处是否损坏及漏气，如有则更换或紧固
2	燃烧器回火	燃气压力太小； 一次风门开量过大； 炉膛阻力过大或有异物堵塞； 风机供风量不足	增大燃气压力； 重新调整一次风门； 调低燃烧器功率，清洁燃烧室烟道等； 检修调整配风系统
3	烟囱冒黑烟	燃料气含油、水过多； 风门开度小，空气量不足； 配风器烧损，无法调节； 加热炉介质进料量突然增加； 喷嘴磨损； 喷嘴安装密封问题，喷嘴口损坏或口径过大	处理燃料气； 调节风门开度； 更换配风器； 缓慢控制调整量； 更换喷嘴； 更换喷嘴，重新安装
4	炉温过低，燃烧不稳	烟囱长期冒黑烟，造成烟管积灰； 燃料气稳压阀出口压力波动，导致空气量配比失调； 燃料气供应不稳	停炉检查烟管，并清除烟垢； 调节燃料系统压力和稳压阀出口压力； 检查燃烧系统的过滤器及稳压阀等，消除存在的问题

续表 9-1

序号	故障	故障原因	处理方法
5	燃烧器点不着火	初次使用,供气管线内有空气; 燃烧器供气压力或温度过低; 燃烧器点火系统损坏; 燃烧器的喷嘴堵塞; 点火燃气量太小 ; 点火配风量太大	重新对天然气置换; 与有关单位联系,检查管路,提高燃气压力或温度; 检修或更换点火系统; 疏通喷嘴; 重新调整点火燃气量; 重新调整点火配风量

第十章　管道阴极保护技术

一、金属腐蚀的定义及腐蚀影响

金属材料受周围介质的作用而损坏，称为金属腐蚀。金属的锈蚀是最常见的腐蚀形态。腐蚀时，在金属的界面上发生了化学或电化学多相反应，使金属转入氧化（离子）状态。这会显著降低金属材料的强度、塑性、韧性等力学性能，破坏金属构件的几何形状，增加零件间的磨损，恶化电学和光学等物理性能，缩短设备的使用寿命，甚至造成燃气泄漏导致火灾、爆炸等灾难性事故发生。图 10-1 为埋地钢制输气管道锈蚀示意图。

图 10-1　埋地钢制输气管道锈蚀

二、电化学腐蚀分类

电化学腐蚀是金属腐蚀中最普遍，也是最重要的一种类型。钢铁在潮湿的空气中所发生的腐蚀是电化学腐蚀中最常见的一种。在潮湿的空气中，钢铁表面会吸附一层薄薄的水膜。如果这层水膜呈较强酸性，H^+得电子析出氢气，这种电化学腐蚀称为析氢腐蚀；如果这层水膜呈弱酸性或中性，能溶解较多氧气，此时 O_2 得电子而析出 OH^-，这种电化学腐蚀称为吸氧腐蚀，是造成钢铁腐蚀的主要原因。金属腐蚀的本质是金属原子失去电子被氧化的过程，常见的有析氢腐蚀和吸氧腐蚀（见表 10-1）。图 10-2 为析氢腐蚀和吸氧腐蚀示意图。

表 10-1　析氢腐蚀和吸氧腐蚀对比

项目	析氢腐蚀	吸氧腐蚀
发生条件	水膜呈强酸性	水膜呈弱酸性或中性
正极反应	$2H^+ + 2e^- = H_2\uparrow$	$O_2 + 4e^- + 2H_2O = 4OH^-$
负极反应	$Fe - 2e^- = Fe^{2+}$	$2Fe - 4e^- = 2Fe^{2+}$
溶液 pH 升高的极	正极	正极
其他反应	$Fe^{2+} + 2OH^- = Fe(OH)_2\downarrow$	$4Fe(OH)_2 + O_2 + 2H_2O = 4Fe(OH)_3$
影响因素	pH、阴极区面积等	溶解氧浓度、温度、盐浓度

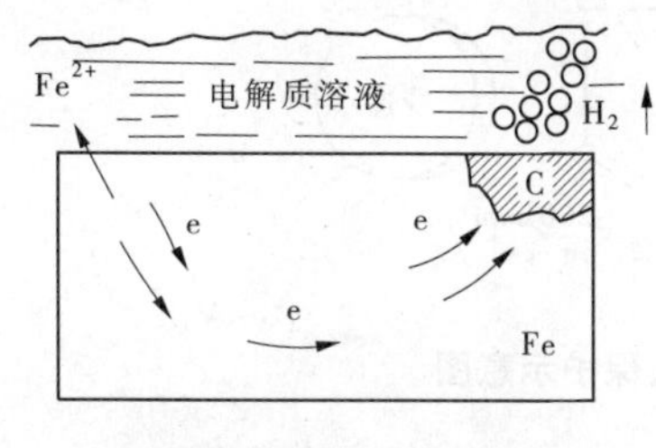

(a)钢铁的析氢腐蚀示意图

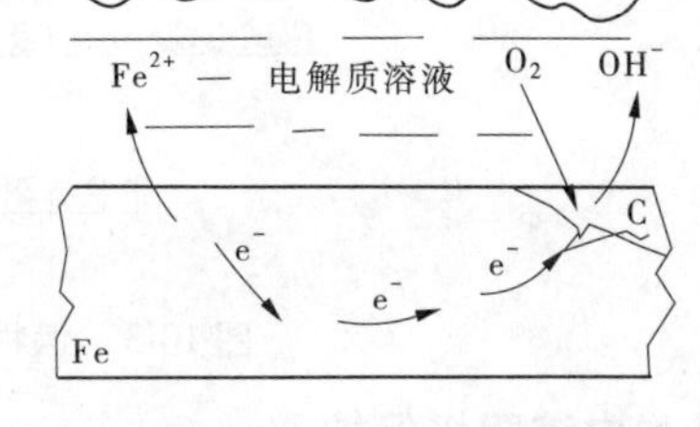

(b)钢铁的电化学腐蚀示意图

图 10-2　析氢腐蚀和吸氧腐蚀示意图

三、阴极保护分类

阴极保护分为两种类型:牺牲阳极保护和外加电流阴极保护。

(一)牺牲阳极保护

1. 牺牲阳极保护原理(原电池原理)

牺牲阳极保护技术是用一种电位比所要保护的金属输气管道还要负的金属或合金与被保护的阴极保护材料金属输气管道连接在一起,并处于同一土壤电解质中,使该金属上的电子转移到被保护金属输气管道上,依靠电位比较负的金属不断腐蚀溶解所产生的电流来保护输气管道。图 10-3 为牺牲阳极保护示意图。

2. 牺牲阳极组成

土壤中,牺牲阳极保护系统主要由牺牲阳极、填包料和测试桩组成。水环境中,除导线连接外,牺牲阳极也可直接焊接到被保护结构上。

3. 牺牲阳极常用种类

牺牲阳极主要有镁合金牺牲阳极、铝合金牺牲阳极、锌合金牺牲阳极。镁合金牺牲阳极主要应用于高电阻率的土壤环境中。铝合金和锌合金牺牲阳极主要用于水环境介质中。

4. 牺牲阳极主要应用

牺牲阳极主要应用于土壤电阻率低的环境及城市燃气钢制埋地管道和区域性设施。

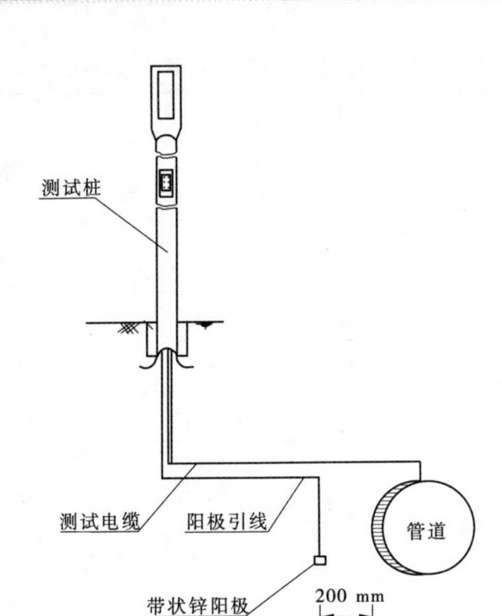

图 10-3　牺牲阳极保护示意图

（二）外加电流阴极保护

1. 外加电流阴极保护（电解池原理）

外加电流阴极保护是通过外加直流电源以及辅助阳极，给金属输气管道补充大量的电子，使被保护金属整体处于电子过剩的状态，使金属表面各点达到同一负电位，使被保护金属结构电位低于周围环境。图 10-4 为外加电流阴极保护示意图。

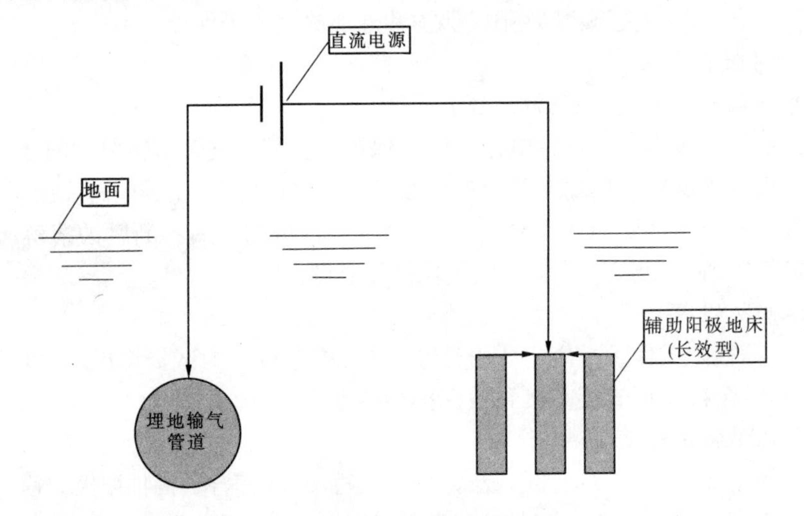

图 10-4　外加电流阴极保护示意图

2. 外加电流阴极保护系统组成

外加电流阴极保护系统主要由电源、控制柜、辅助阳极、焦炭（碳素）填料、电缆、控制参比电极、电位测试桩、电流测试桩、保护效果测试片、电绝缘装置、电绝缘保护装置组成。

3. 直流电源系统组成(恒定电位仪)及类型

电源的作用是向阴极保护系统不间断地提供电流。电源主要由恒流、恒压整流器、恒电位仪组成。电源的类型从整流形式上分主要有可控硅、磁饱和、数控高频开关。

4. 常用辅助阳极(阳极地床)及作用

辅助阳极有废钢、硅铁、石墨、混合氧化物阳极、柔性阳极、贵金属电极等。

辅助阳极的作用是通过介质(如土壤、水)与管道之间形成电回路。通过在阳极表面发生电化学反应,不断向阴极结构提供电子,从而使阴极极化到保护电位。

5. 外加电流阴极保护应用

该方式主要用于保护大型或处于高土壤电阻率土壤中的金属结构,如长输埋地管道、大型罐群底座等。

四、长输天然气管道阴极保护系统

长输管道阴极保护系统主要由场站电源设备、恒电位仪、长效型辅助阳极地床、控制台、硫酸铜参比电极、进出站绝缘接头、埋地型火花间隙避雷器、绝缘测试桩、管线电流测试桩、管线保护电位测试桩、连接电缆线等设备构成,外加电流阴极保护系统。

输气场站阴极保护站内安装一套阴极保护电源设备,电源设备由两台完全独立的恒电位仪和一台控制台构成,并安装在机柜间的阴极保护柜内。两台恒电位仪互为备用,以保证阴极保护的正常运行,给管道提供可靠、稳定的阴极保护电流。

将恒电位仪的输出阳极、输出阴极、零位接阴、参比电极及220 V电源端子,用配套的导线分别与控制台的相应端子连接,并保证完全电气连通。设备机壳与站场共用接地装置相连接接地,并保证完全电气连通。图10-5为站内阴极保护设备安装图。

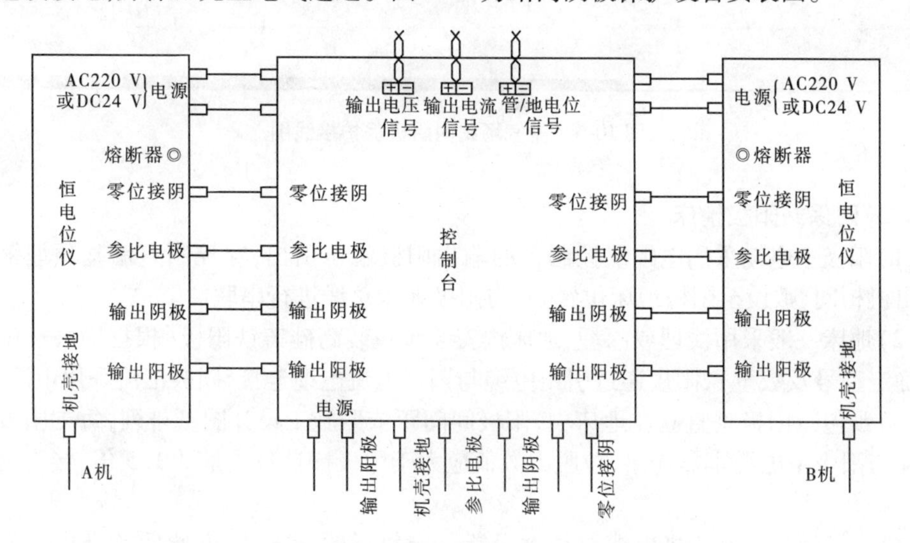

图10-5　站内阴极保护设备安装

(一)输气场站内阴极保护接线

(1)从控制台的零位接阴和输出阴极端子引出(一般采用10 mm^2)两根电缆,穿站控室墙基预埋钢制套管出机柜间，敷设至通电点处，采用铝热焊与管道连接（阴极）。

（2）参比电缆（一般采用 10 mm²）一根与阴极电缆同沟（冻土层以下）埋地敷设至输气站场阴保间，接在控制台参比电极端子上。

（3）阳极主电缆采用电缆（一般采用 25 mm²）从控制台的输出阳极端子引出，穿站控室墙基预埋钢制套管出机柜间，敷设至阳极地床位置处（包括阳极电缆与阳极汇流电缆）。

（4）电缆埋于冻土层以下，铺沙盖砖，电缆穿输气场站院墙、道路时加设钢制保护套管。

图 10-6 为输气场站内阴极保护接线图。

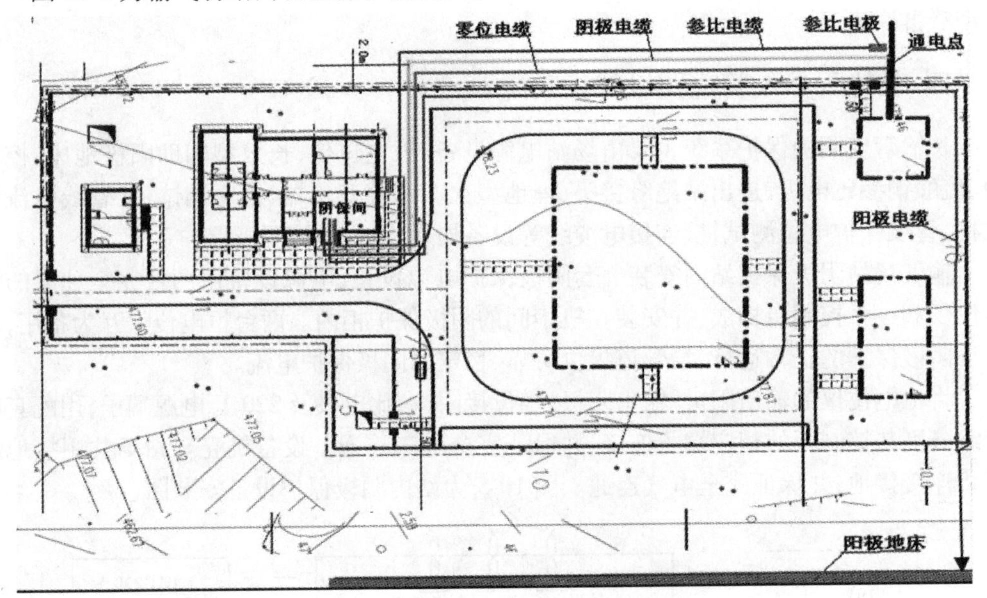

图 10-6　输气场站内阴极保护接线图

（二）阴保站阳极地床

（1）阳极主电缆采用电缆从控制台的输出阳极端子引出，穿控制室墙基预埋钢制套管穿出机柜间，敷设至阳极地床位置处，与阳极地床总线进行串联。

（2）地床一般采用浅埋或深埋，地床内安装预包装高硅铸铁阳极（根据输气场站设计需求确定型号及数量），阳极通过引出电缆与阳极汇流电缆连接，阳极汇流采用电缆。

（3）预包装阳极垂直立在地床中，阳极间间距依照施工设计图纸排列，每支阳极头引出电缆与阳极主电缆牢靠连接，拉脱力数值应大于阳极棒自身质量的 1.5 倍，接头密封可靠。

（4）阳极地床上及阳极电缆路径上设置一定数量的标志桩，方便后期维护保养或更换阳极。图 10-7 为阳极地床的浅埋安装图。

（三）通电点、参比电极的安装

（1）从控制台的零位接阴和输出阴极端子引出两根电缆，穿控制室墙基预埋钢制套管出机柜间，敷设至通电点处，采用铝热焊与管道连接。

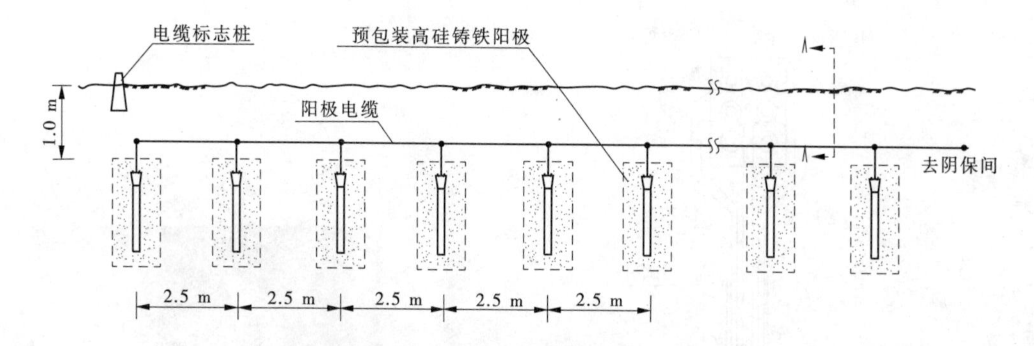

图 10-7　阳极地床的浅埋安装

(2)通电点设于输气场站气体的管道上。

(3)安装长效硫酸铜参比电极一支,其应埋设在通电点附近冻土层以下,外用棉布袋装填填包料,填包料充分浸水湿润,参比电极周围用细土回填。参比电缆与阴极、零位电缆同沟埋地敷设至阴保间,接在控制台参比电极端子上。

图 10-8 为通电点、参比电极的安装示意图。

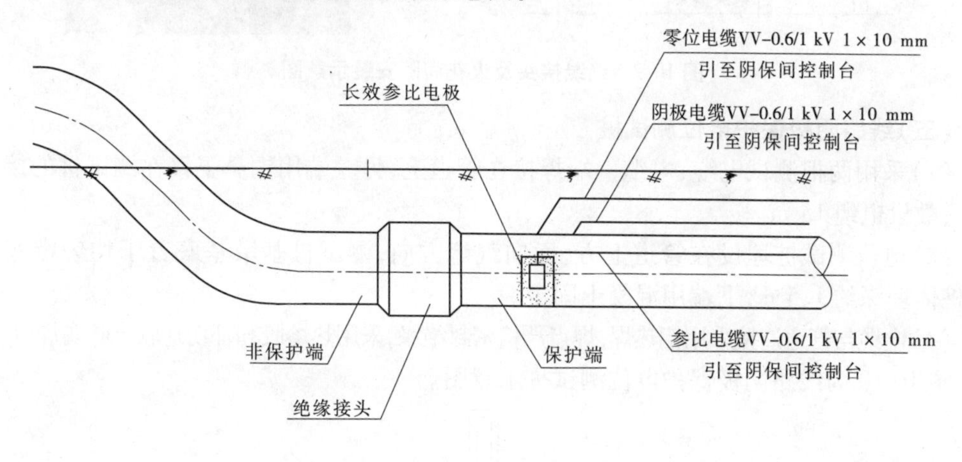

图 10-8　通电点、参比电极的安装示意图

(四)场站绝缘接头安装

绝缘接头一般埋设在输气场站进出站、埋地放空管道及阀室埋地放空管道等部位(见图 10-9)。

(1)埋设绝缘接头测试桩一般采用钢制测试桩,规格为ϕ 108 ×4 ×3 000 mm;在绝缘接头两端焊接电缆 4 根,每端 2 根,电缆另一端接在测试桩接线柱上。

(2)埋地型火花间隙避雷器 1 个,埋设在绝缘接头一侧,其两端引线通过测试桩接线板与绝缘接头两端的管道连接。

(3)绝缘测试桩桩体埋深约 1.5 m。

(4)电缆与管道连接采用铝热焊,焊点严格密封绝缘,采用热熔胶和补伤片联合防腐焊口。

图 10-9 为绝缘接头及火花间隙安装示意图。

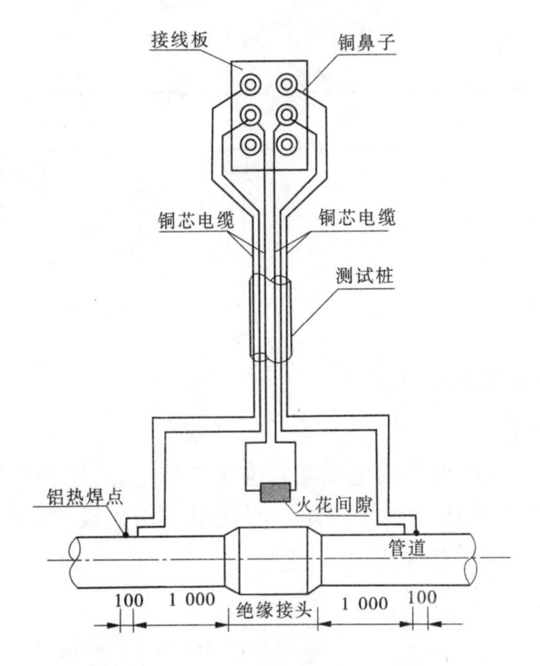

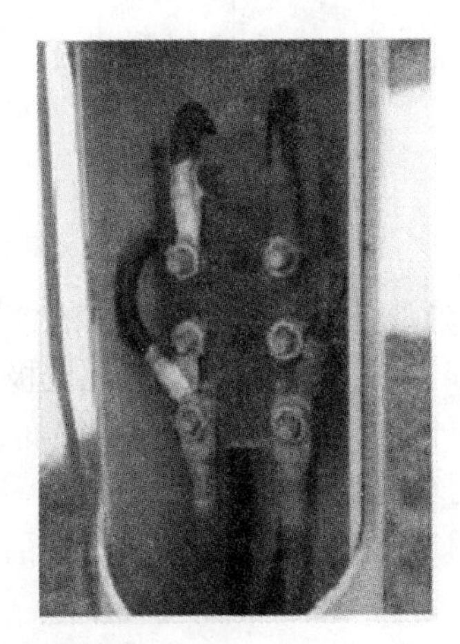

图 10-9　绝缘接头及火花间隙安装示意图

(五)线路阴极保护电位测试桩

(1)采用两根测试电缆,电缆一端焊接在管道上,另一端用铜鼻子接在测试桩的接线柱上,敷设电缆 15 m。

(2)电位测试桩埋设在管道上方,面向气流方向,测试桩基墩基底置于均匀密实土层,桩体埋深约 1.5 m,下端用混凝土固定。

(3)电缆与管道连接采用铝热焊,焊点严格密封绝缘,采用热熔胶和补伤片联合防腐焊口。

图 10-10 为线路阴极保护电位测试桩示意图。

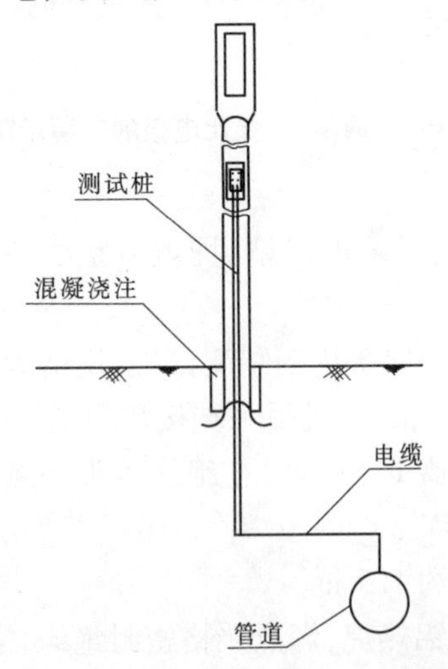

图 10-10　线路阴极保护电位测试桩示意图

（六）线路阴极保护电流测试桩

（1）电流测试桩采用钢制测试桩，一般规格为ϕ108×4×3 000 mm。

（2）采用测试电缆，共计安装4根电缆，每2根电缆为一组，两组间间距30 m，所有电缆的一端均焊接在管道上，另一端用铜鼻子接在测试桩的接线柱上。

（3）电流测试桩埋设在管道上方，面向气流方向，测试桩基墩基底置于均匀密实土层上，桩体埋深约1.5 m，下端用混凝土固定。

（4）电缆与管道连接采用铝热焊，焊点严格密封绝缘，采用热熔胶和补伤片联合防腐焊口。

图10-11为线路阴极保护电流测试桩示意图。

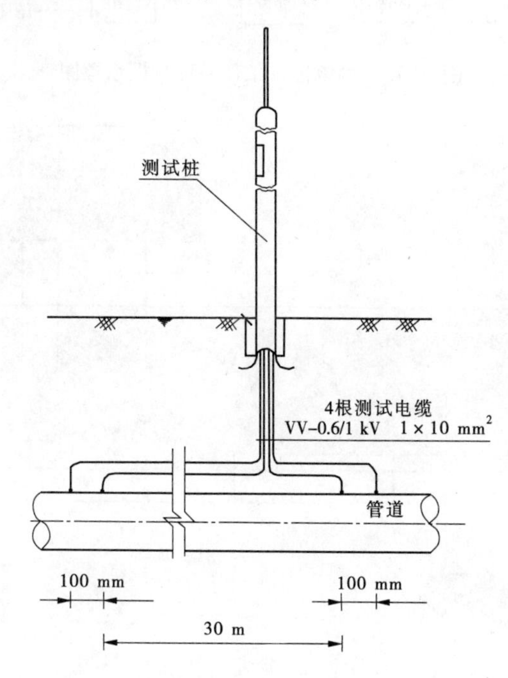

图10-11　线路阴极保护电流测试桩示意图

五、恒电位仪

（一）工作原理

恒电位仪的工作原理是将参比信号经阻抗变换后与控制电位加到比较放大器上，经比较放大后，输出与误差成正比的信号。在仪器处于“自动”工作状态下，该信号加到移相触发器，移相触发器根据该信号电压的大小，自动调整触发脉冲的产生时间，改变极化回路中可控硅的导通，从而改变输出电流电压的大小，直至参比电位等于给定电位。这个过程是不断进行的。

图10-12为恒电位仪工作原理方框示意图。

（二）连接方式

图10-13为恒电位仪连接方式方框示意图。

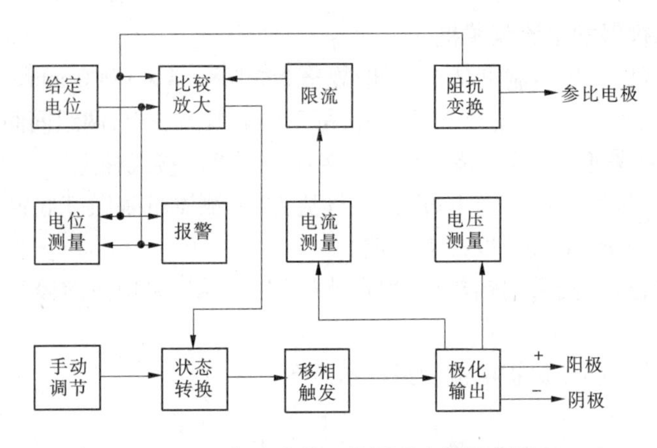

图 10-12　恒电位仪工作原理方框示意图

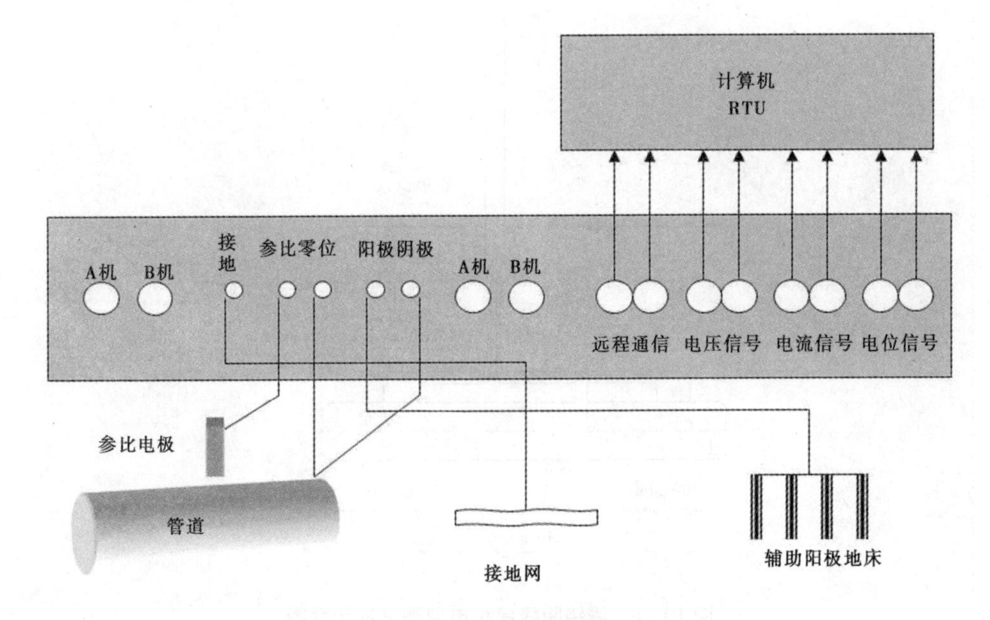

图 10-13　恒电位仪连接方式方框示意图

六、阴极保护准则

美国腐蚀工程师协会（National Association of Corrosion Engineers，简称 NACE），成立于 1943 年，致力于制定预防与控制腐蚀方面的标准，已成为全球腐蚀研究领域中最大的组织。在其标准《埋地和水下金属管道外防腐推荐规范》RP－01－69（1996 年版本）第 6 部分列出了三个用于埋地或水下钢质或铸铁管道阴极保护的基本标准。

（一）通电电位－850 mV 准则

在施加阴保的情况下负（阴极）电位至少达到－850 mV。这个电位是相对于与电解质相接触的饱和铜/硫酸铜参比电极测量的。

（二）极化电位－850 mV 准则

这个标准规定，“相对饱和硫酸铜参比电极至少－850 mV 的负极化电位”时，就获得了有效的保护。极化电位的定义是,“结构和电解质界面上的电位,是腐蚀电位和阴极极化电位的总和”。极化电位是在所有的电流源全部中断后直接测得的,通常指断或瞬间断电位。

（三）100 mV **极化值准则**

这个标准规定的是如果管道表面和与电解质稳定接触的参比电极之间最小的阴极极化电位为 100 mV,为满足这个标准可以测量到极化的建立或消除。那么,就实现了正常的阴极保护 。

在施加阴极保护前,必须确定埋地结构测试位置处的自然电位。在阴极保护通电、结构有足够的极化时间后再次测量该处电位。通常,在阴极保护系统通电后,立即在测量位置上连续监测通电电位,在通电电位连续几分钟没有变化后,读取断电电位。将断电电位和自然电位相比较,如果差值超过 100 mV,那么就可以认为该位置处已经满足了 100 mV 标准。

七、参比电极

参比电极定义为用来测量其他电极电位的可逆电极,其表面随时间没有净变化,始终处于平衡状态,即在相似的测量条件下可以认为开路电位是恒定不变的电极,铜/硫酸铜参比电极是最常见的,利用了铜的半电池反应。结构:一根较粗的铜棒用作电极体,浸入饱和硫酸铜溶液。管道电位就是相对于与电解质连接的参比电极进行测量的,参比电极是阴保电源工作的基准信号源,处于维护和成本的考虑,工程上通常选用长效硫酸铜参比电极（$Cu/CuSO_4$）。

八、测试桩

测试桩是用来测定埋地管线的阴极保护状况以及进行腐蚀控制相关的其他测试工作的最好装置。测试桩根据其功能可分为电位测试桩、电流测试桩、绝缘接头测试桩、牺牲阳极测试桩和穿路套管测试桩等,有时可用一个综合功能测试桩来实现几种测试功能。

图 10-14 为长输管线阴极保护电位、电流测试图。

图 10-14　长输管线阴极保护电位、电流测试图

九、自然电位

自然电位是金属埋入土壤后，在无外部电流影响时的对地电位。自然电位随着金属结构的材质、表面状况和土质状况、含水量等因素不同而异，一般有涂层埋地管道的自然电位为 -0.4 ~0.7 VCSE，在雨季土壤湿润时，自然电位会偏负。一般取平均值 -0.55 V。

十、最小保护电位

最小保护电位指金属达到完全保护所需要的最低电位值。一般认为，金属在电解质溶液中，极化电位达到阳极区的开路电位时，就达到了完全保护。

NACERP0169 建议"在通电情况下，埋地钢铁结构最小保护电位为 -0.85 VCSE 或更负，在有硫酸盐还原菌存在的情况下，最小保护电位为 -0.95 VCSE，该电位不含土壤中电压降(*IR* 降)"。实际测量时，应根据瞬时断电电位进行判断。目前流行的通电电位测量方法简便易行，但对测量中 *IR* 降的含量没有给予足够重视。其后果是很多认为阴极保护良好的管道发生腐蚀穿孔。

十一、最大保护电位

保护电位不是愈低愈好，是有限度的，过低的保护电位会造成管道防腐层漏点处大量析出氢气，造成涂层与管道脱离，即阴极剥离，不仅使防腐层失效，而且电能大量消耗，还可导致金属材料产生氢脆进而发生氢脆断裂，所以必须将电位控制在比析氢电位稍高的电位值，此电位称为最大保护电位，超过最大保护电位时称为"过保护"。

最大保护电位的限制应根据覆盖层及环境确定，以不损坏覆盖层的黏结力为准，一般瞬时断电电位不得低于 -1.10 VCSE。由于受旧规范的影响，很多人还认为阴极保护最大电位不能低于 -1.5 VCSE。事实上这种观念是错误的，造成的危害也是巨大的。判断阴极保护电位是否过大应以断电电位为判断基础，只要断电电位不低于 -1.1 VCSE(欧洲为 -1.15 VCSE)，通电电位再大也没有关系。

十二、最小保护电流密度

使金属腐蚀下降到最低程度或停止时所需要的保护电流密度，称作最小保护电流密度，其常用单位为 mA/m^2。处于土壤中的裸露金属，最小保护电流密度一般取 10 mA/m^2。

十三、瞬时断电电位

在断掉被保护结构的外加电源或牺牲阳极 0.2 ~0.5 s 之内读取结构对地电位，由于此时没有外加电流从介质中流向被保护结构，所以所测电位为结构的实际极化电位，不含 *IR* 降(介质中的电压降)。由于在断开被保护结构阴极保护系统时，结构对地电位受电感影响，会有一个正向脉冲，所以应选取 0.2 ~0.5 s 之内的电位读数。

其断电电位应在 -0.85 ~ -1.15 V。

十四、管道阴极保护日常管理

(1)每周检查各阴极保护站和恒电位仪运行数据,同时填写阴极保护站周检查记录和恒电位仪运行记录本。

(2)恒电位接线正确且牢固, 控制电位正确。

(3)每月对恒电位仪进行一次切换,对备用机进行保养,并填写设备技术档案。

(4)每季度检测一次阳极接地电阻,填写阳极地床接地电阻检测记录季报。

(5)查看管道测试桩每千米设置一个,垂直安装且完好。

十五、常见故障及其处理方法

常见故障及其处理方法见表 10-2。

表 10-2 常见故障及其处理方法

序号	故障	故障原因	处理方法
1	开机后电源指示灯不亮,持续声光蜂鸣报警	电源未合闸或接线松动	检查输入电源并重新合闸或连接线路
		输入熔断器熔断	更换熔断器
2	输出电源电压可调,但电位不变	参比电极断线	修复参比电极引线
		参比电极损坏	更换参比电极
3	仪器正常,输出电源突然增大	被保护体与非保护体短接	排除短接部位,并修复
		绝缘接头短路	利用万用表测试火花间隙,更换损坏的设备
4	仪器正常,电压可调,电流为零,且电位不变	输出保险熔断	更换保险
		阳极引线断线	接通阳极引线
5	仪器输出电流、电压为零,但电位很高,仪器报警	交流干扰	查明干扰原因并排除干扰,若存在干扰,安装排干扰设备
		直流干扰	

3 输气场站参数测量及自动化系统

第十一章　仪表检测

自动化就是指在设备上配备一些自动化装置,代替操作人员的部分直接劳动,使生产在不同程度上自动执行,即用自动化装置来管理生产过程的方法。

自动化系统的优点主要是:

(1)提高工作效率。

(2)降低生产成本。

(3)保证生产安全。

(4)减轻劳动强度。

其系统结构主要分为三大部分:检测仪表、控制器以及执行器,关系如图 11-1 所示。

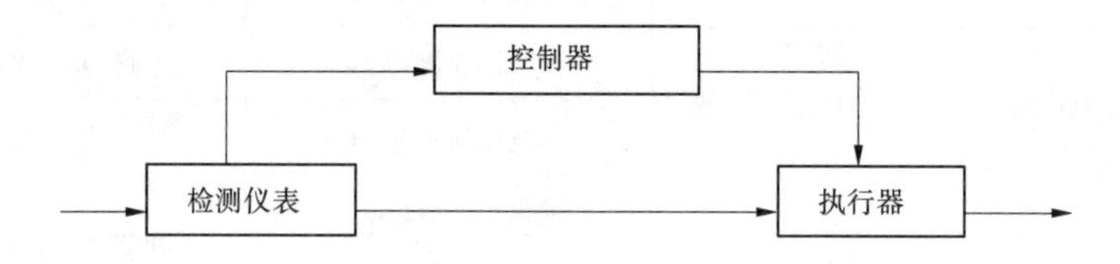

图 11-1　自动化系统结构

在输气场站控制系统中,需要检测的参数主要有压力、温度、液位、流量等,只有时刻保证这些参数在工艺要求的范围之内,整套系统才可以正常运行。

第一节　压力检测仪表

压力检测仪表主要有两大类,一类为就地压力仪表,就是现场所看到的普通压力表,另一类是带有数据上传功能的远程压力仪表(压力变送器)。

一、就地压力仪表

(一)弹簧管压力表

弹簧管压力表属于就地指示型压力表,就地显示压力的大小,不带远程传送显示、调节功能。弹簧管压力表通过表内的敏感元件——波纹管的弹性变形,再通过表内机芯的转换机构将压力形变传导至指针,引起指针转动来显示压力。适于测量无爆炸、不结晶、不凝固、对铜和铜合金无腐蚀作用的液体、气体或蒸汽的压力。弹簧管压力表的延伸产品有弹簧管耐震压力表、弹簧管膜盒压力表、弹簧管隔膜压力表、不锈钢弹簧管压力表、弹簧管电接点压力表等。

图 11-2 为弹簧管压力表示意图。

弹簧管压力表主要由弹簧管、齿轮传动放大机构、指针、刻度盘和外壳等几部分组成。图 11-3 中弹簧管 1 是一根弯成圆弧形的空心金属管子，其截面做成扁圆或椭圆形，它的一端为自由端，即弹簧管受压变形后的变形位移的输出端。另一端为固定端，即被测压力 P 的输入端，焊接在固定支柱上，并与管接头 9 相通。

当弹簧管内受到介质压力时，它的自由端就向外伸张，经传动机构带动指针转动，在刻度盘上指示出介质的压力。

图 11-3 为弹簧管压力表结构图。

图 11-2　弹簧管压力表示意图

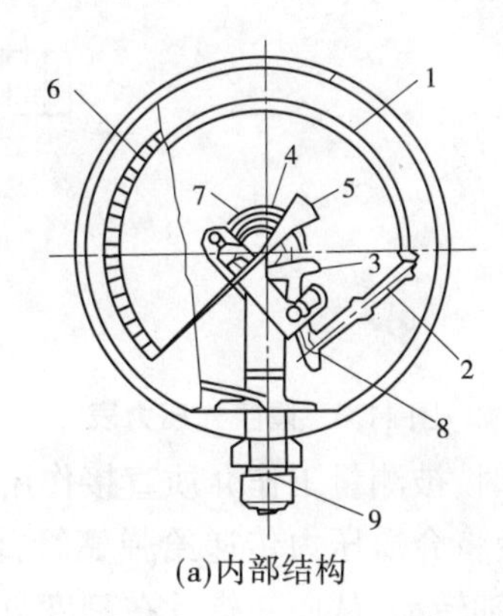

(a)内部结构

1—弹簧管；2—连杆；3—扇形齿轮；4—中心齿轮；5—指针；6—面板；7—游丝；8—调整螺钉；9—接头

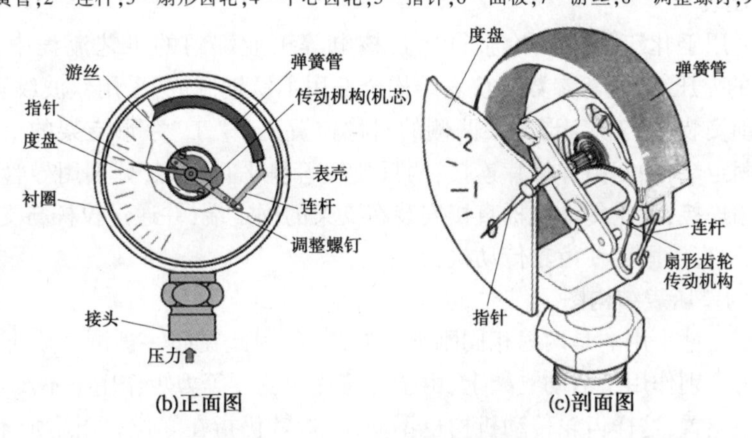

(b)正面图　　(c)剖面图

图 11-3　弹簧管压力表结构图

(二)隔膜式压力表

隔膜式压力表采用间接测量结构,隔膜在被测介质压力作用下产生变形,密封液被压,形成一个相当于 P 的压力,传导至压力仪表,显示被测介质压力值。适用于测量黏度大、易结晶、腐蚀性强、温度较高的液体、气体或颗粒状固体介质的压力。隔离膜片有多种材料,以适应各种不同腐蚀性介质。

图 11-4 为隔膜式压力表。

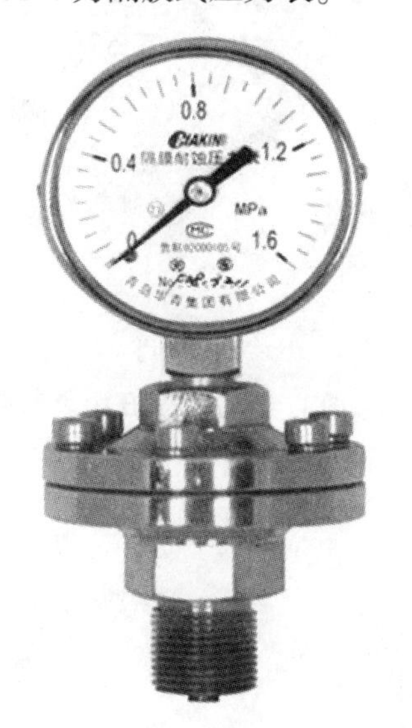

(a)实物

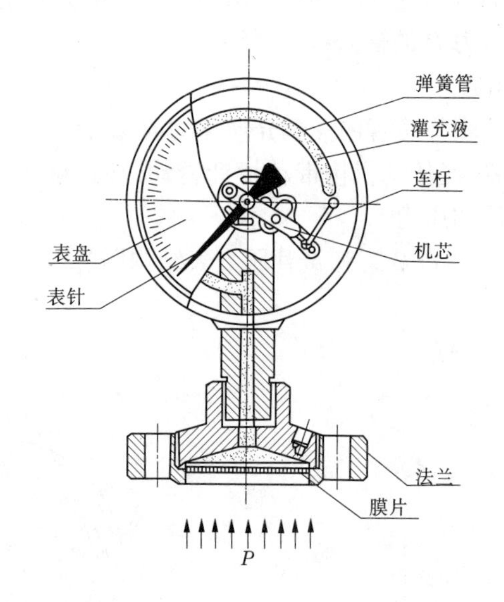

(b)结构图

图 11-4　隔膜式压力表

当用隔膜压力表测量压力时,被测量工作介质直接作用在隔离膜片上,膜片产生向上的变形,通过弹簧管内的灌充液将介质压力传递给弹簧管,使弹簧管末端产生弹性形变,借助于连杆机构带动机芯齿轮轴转动,从而使指针在刻度盘上指示出被测压力值。

(三)差压表

差压表适用于化工、化纤、冶金、电力、核电等工业部门的工艺流程中测量各种液(气)体介质的差压、流量等参数。仪表结构全部用不锈钢制成,采用双波纹管结构,即两只波纹管分别安装在"工"字形支架两侧的对称位置上。"工"字形支架的上下两端分别为活动端和固定端,中间由弹簧片连接;两只波纹管呈平行状态,分别用导管与表壳上的高低压接头相连接;齿轮传动机构直接安装在支架的固定端,并通过拉杆与支架的活动端相连接;度盘则直接固定在齿轮传动机构上。

图 11-5 为差压表结构图。

基于感压元件采用的是两只相同刚度的波纹管,因此在同一被测介质下迫使其产生相同的集中力分别作用于活动支架上,由于弹簧片两侧在等力矩作用下不产生挠度,故支架还处于原始位置,这样齿轮传动机构也不动作,指针仍指在零位。当施加不同压力(一般高压端高于低压端)时,两波纹管作用在活动支架上的力则不相等,就会分别产生相应的位移,并带动齿轮传动机构传动并予放大,由指针偏转后指示出两者之间的差压。

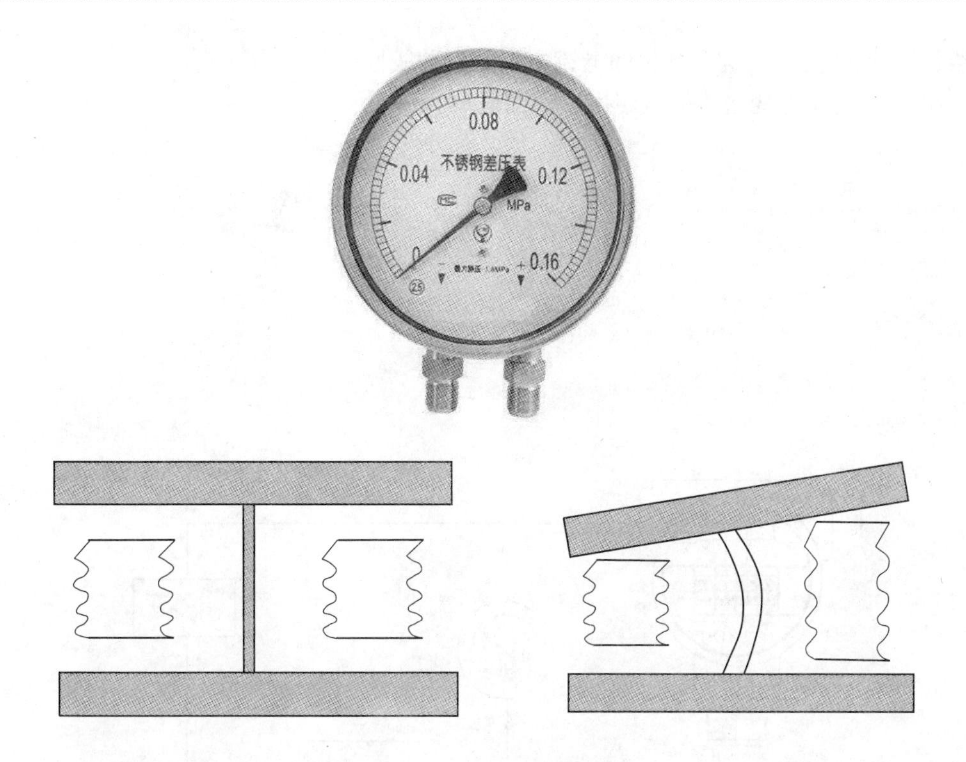

图 11-5　差压表结构图

二、远程压力仪表

图 11-6　压力变送器示意图

远程压力仪表主要指压力变送器(Pressure Transmitter)，是指以输出为标准信号的压力传感器，是一种接收压力变量按比例转换为标准输出信号的仪表。它能将测压元件传感器感受到的气体、液体等物理压力参数转换成标准的电信号(如 4~20 mA DC 等)，以供给指示报警仪、记录仪、调节器等二次仪表进行测量、指示和过程调节。图 11-6 为压力变送器示意图。

简单说，变送器就是把一种量转换成另外一种量(电量)并送到所需设备的仪器。压力变送器是将压力变量转换为可传送统一输出信号的仪表，而且输出信号与压力变量直接有一给定的连续函数关系，通常为线性函数。压力变送器作为远传压力检测仪表，简单地说，由测压元件传感器、测量电路和过程连接件等组成。

如：一个压力变送器的量程为 0~5 MPa，那么经过变送器转换后可将压力变送器检测到的压力信号转化为 4~20 mA 的直流电流反馈到控制器中。就是说，当压力变送器检测到的压力为 0 MPa 时，那么连接变送器的通信电缆会产生 4 mA 的电流送给控制器，当压力变送器检测到的压力为 5 MPa 时，那么连接变送器的通信电缆会产生 20 mA 的电流送给控制器,压力与变送器产生的电流之间是一种线性关系。

图 11-7 为压力变送器信号转换示意图。

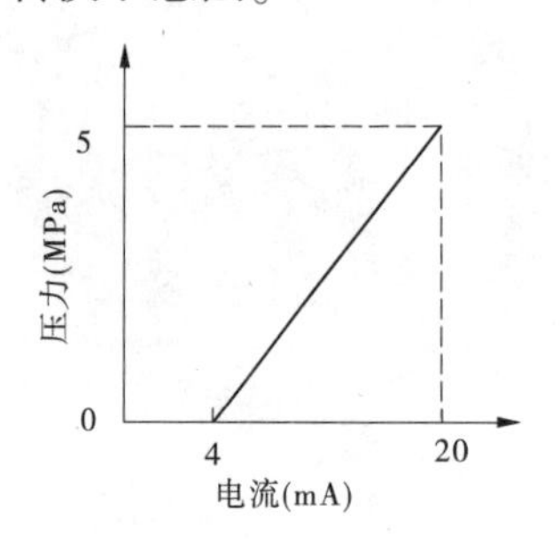

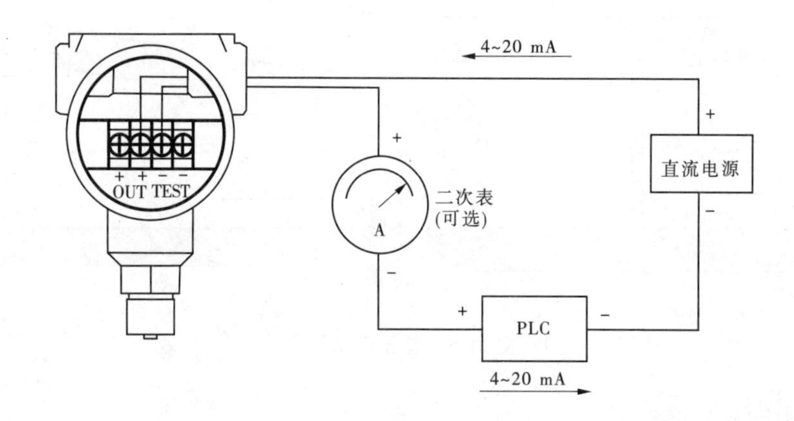

图 11-7 压力变送器信号转换示意图

压力变送器的工作原理:当压力直接作用在测量膜片的表面,使膜片产生微小的形变时,测量膜片上的高精度电路将这个微小的形变转换成与压力成正比的高度线性、与激励电压也成正比的电压信号,然后采用专用芯片将这个电压信号转换为工业标准的 4~20 mA 电流信号。

由于测量膜片采用标准化集成电路,内部包含线性及温度补偿电路,所以可以做到高精度和高稳定性,变送电路采用专用的两线制芯片,可以保证输出两线制 4~20 mA 电流信号,方便现场接线。图 11-8 所示为差压变送器的工作过程。

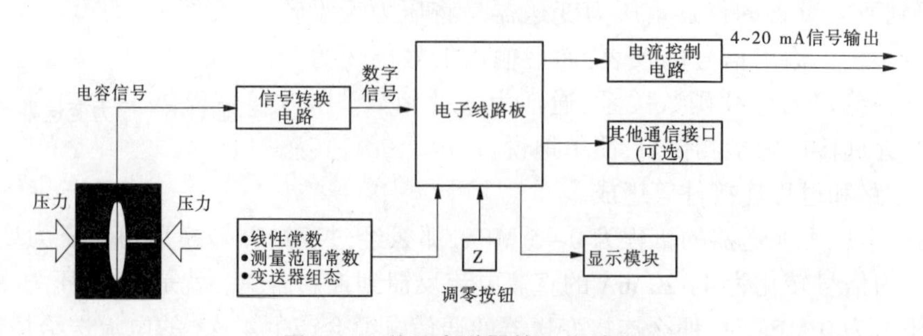

图 11-8 差压变送器的工作过程

图 11-9 所示为差压变送器的感应原理。图中仪表灌充液为硅油，当过程隔离膜片所受到的外界压力增大时，将硅油挤压到中间腔室，使中间的感压极板位置发生偏移，变送器的电容发生变化，电容的变化使电路板输出的电流值(4~20 mA)发生变化。

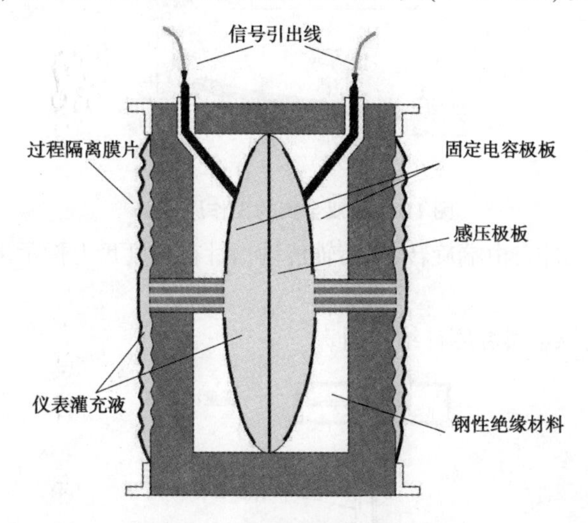

图 11-9　差压变送器感应原理

第二节　温度检测仪表

温度检测仪表分为就地温度仪表和远传温度仪表。

一、就地温度仪表——双金属温度计

双金属温度计是一种测量中低温度的现场检测仪表。可以直接测量各种生产过程中的-80~500 ℃范围内液体蒸气和气体介质的温度。工业用双金属温度计主要的元件是一个用两种或多种金属片叠压在一起组成的多层金属片，是根据两种不同金属在温度改变时膨胀程度不同的原理工作的。是基于绕制成环形弯曲状的双金属片制成的。一端受热膨胀时，带动指针旋转，工作仪表便显示出热电势所对应的温度值。图 11-10所示为双金属温度计示意图。

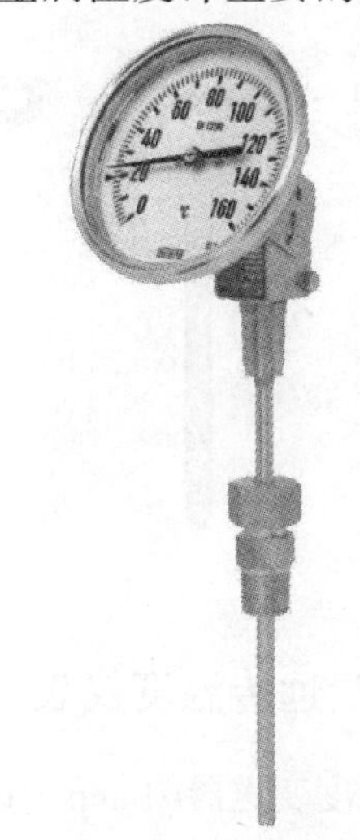

图 11-10　双金属温度计示意图

如图 11-11 所示为双金属的工作原理，其中 A 金属与 B 金属为两种膨胀系数差别很大的材料。将二者焊接在一起并升温，此时由于 A 金属的热膨胀系数低于 B 金属的热膨胀系数，A 金属体积基本保持不变，而 B 金属的体积膨胀很大致使整体发生弯曲。

为了提高灵敏度，将双金属片制成多圈螺旋形，一端固定，另一端(自由端)连接在芯轴上，轴向型双温指针直接装在芯轴上，径向型双温指针通过转角弹簧与芯轴连接。

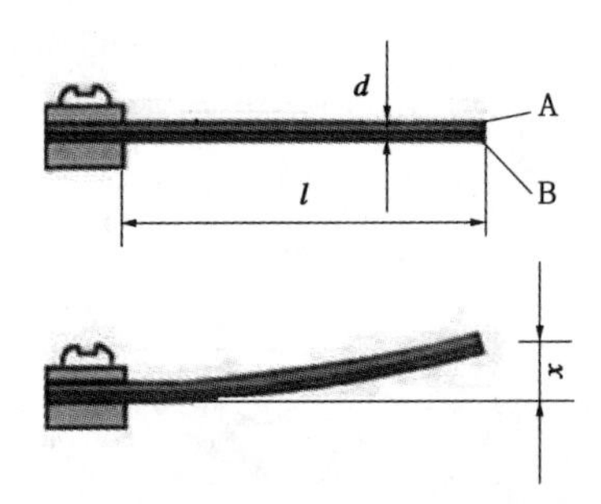

图 11-11 双金属的工作原理图

当温度变化时,感温元件自由端旋转,经芯轴传动指针在刻度盘上指示出被测介质温度的变化值。

图 11-12 所示为双金属温度计结构图。

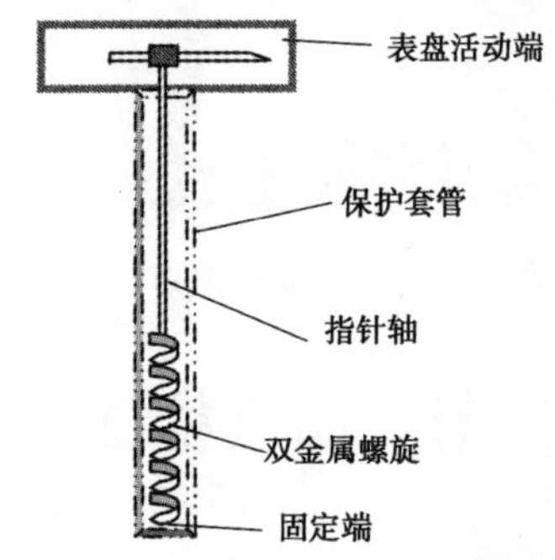

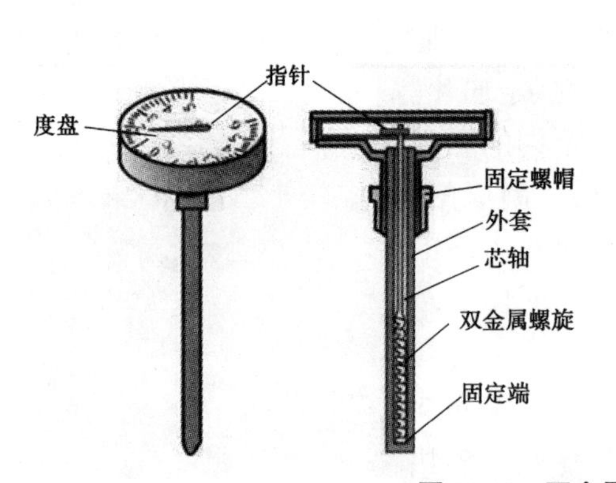

图 11-12 双金属温度计结构图

二、远传温度仪表——温度变送器

温度变送器(Temperature Transmitter) 采用热电阻、热电偶作为测温元件,从测温元件输出信号送到变送器模块,经过稳压滤波、运算放大、非线性校正、V/I 转换、恒流及反向保护等电路处理后,转换成与温度呈线性关系的 4~20 mA 电流信号输出。图 11-13 所示为温度变送器示意图。

(一)热电阻

热电阻(Thermal Resistor)是中低温区最常用的一种温度检测元件。热电阻测温是基于金属导体的电阻值随温度的增加而增加这一特性来进行温度测量的。图 11-14 所示为热电阻示意图。

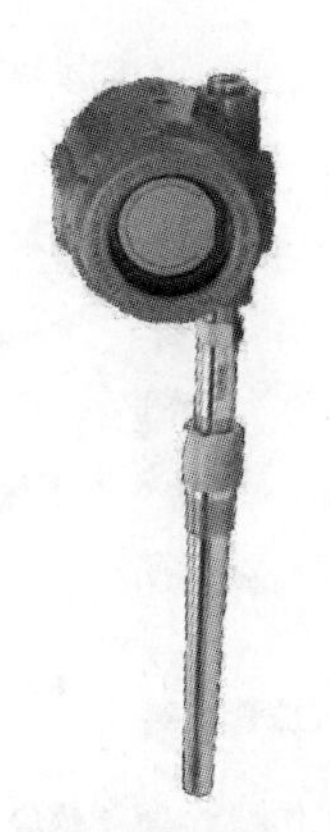

图 11-13　温度变送器示意图

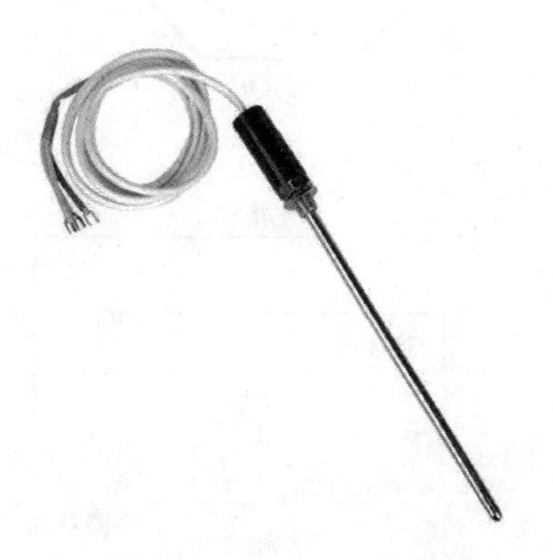

图 11-14　热电阻示意图

铂电阻的测温范围为 -200~500 ℃。

铜电阻的测温范围为 -50~150 ℃。

常用材料
- 铂
  - PT100
  - PT10
- 铜
  - Cu50
  - Cu100

字母表示材质;数字表示 0 ℃的阻值。

通常现在广泛使用的型号为 PT100 热电阻,表 11-1 为 PT100 热电阻的温度分布。

表 11-1　PT 100 热电阻的温度分布

温度(℃)	0	1	2	3	4	5	6	7	8	9
电阻(Ω)	100.00	100.39	100.78	101.17	101.56	101.95	102.34	102.73	103.13	103.51

从表 11-1 可以看出,PT100 热电阻,每升高 1 ℃,阻值大概增加 0.38~0.39 Ω,温度线性非常优良,所以被广泛应用。

(二)热电偶

热电偶(Thermocouple)是温度测量仪表中常用的测温元件,它直接测量温度,并把温度信号转换成热电动势信号,通过电气仪表(二次仪表)转换成被测介质的温度。

热电偶测温的基本原理是两种不同材质的导体(称为热电偶丝材或热电极)组成闭合回路,当接合点两端的温度不同,存在温度梯度时,回路中就会有电流通过,此时两端之间就存在电动势——热电动势,这就是所谓的塞贝克效应。两种不同成分的均质导体为热电极,温度较高的一端为工作端(也称为测量端),温度较低的一端为自由端(也称为补偿端),自由端通常处于某个恒定的温度下。根据热电动势与温度的函数关系,制成热电偶分度表;分度表是自由端温度在 0 ℃条件下得到的,不同的热电偶具有不同的分度表。图 11-15 所示为热电偶示意图。

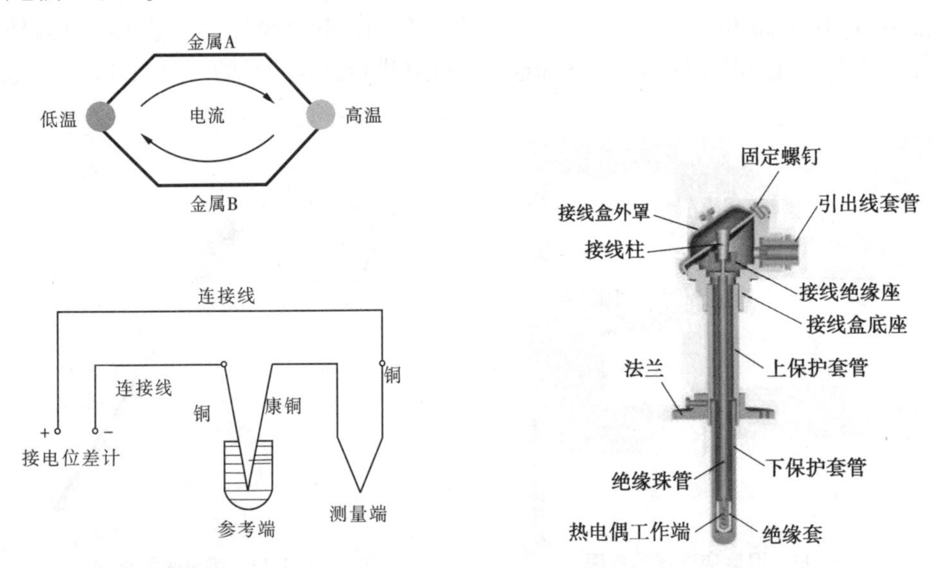

图 11-15　热电偶示意图

通过热电阻或者热电偶等测温元件,检测不同的温度产生不同的电阻值或者电压值,从而使变送器表头的电路输入信号发生变化,产生 4~20 mA 的变化电流,通过通信电缆送入控制器 PLC 中来反馈现场温度。

图 11-16 中所示现场温度变送器,将后盖打开可见,其中 2 根白线、2 根红线来检测元件热电阻,将热电阻接入变送器电路中(见图 11-17),另外两根较粗的线为通信电缆,承载变送器输出的 4~20 mA 的变化电流,送入控制器 PLC 中。

图 11-16　温度变送器示意图

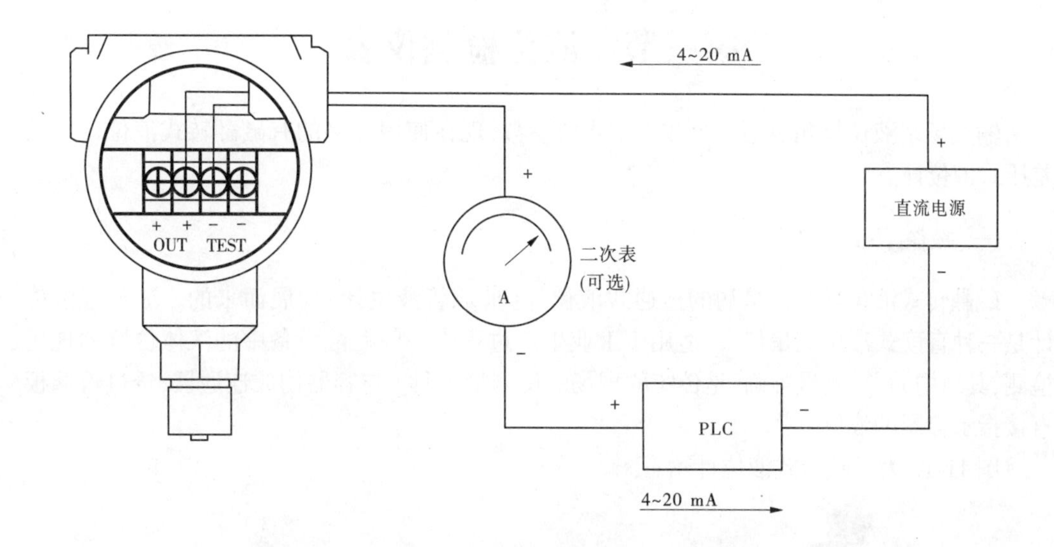

图 11-17　温度变送器信号传输示意图

(三)温度计的安装形式

双金属温度计及温度变送器的保护套管现场安装有三种形式:

(1)套管是插入焊接在设备上的。

(2)套管是用螺纹连接到仪表管嘴上的(如部分流量计温变的套管,注意换这样温度计时不要带动套管,防止漏气)。

(3)温度计直接和管嘴连接,没有套管(这种温度计不能在运行状态下拆卸,如有这种情况,需在仪表校验前告知工作人员)。

图 11-18 为温度计的安装示意图。

图 11-18　温度计的安装示意图

第三节　液位检测仪表

输气场站液位检测也是一个非常重要的参数,现在使用较多的有磁翻转式液位计以及差压式液位计。

一、磁翻转式液位计

磁翻转式液位计是由最初的连通式液位计(玻璃管液位计)发展而来的。玻璃管液位计是一种直读式液位测量仪表,适用于工业生产过程中一般贮液设备中的液体位置的现场检测,其结构简单、测量准确,是传统的现场液位测量工具。与容器构成连通器,透过玻璃板直接指示容器的液位。

图 11-19 为磁翻转式液位计示意图。

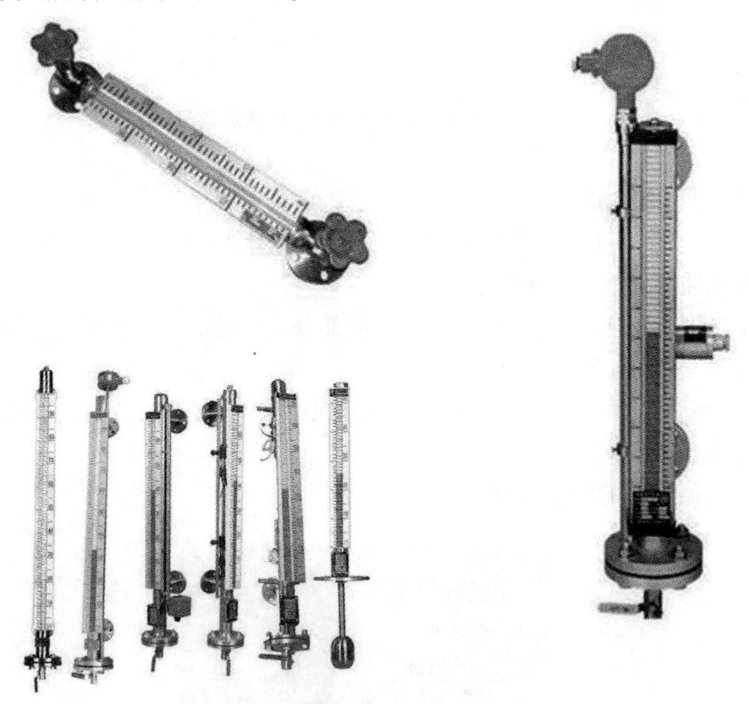

图 11-19　磁翻转式液位计示意图

磁翻转式液位计根据浮力原理和磁性耦合作用研制而成。当被测容器中的液位升降时,液位计本体管中的磁性浮子也随之升降,浮子内的永久磁钢通过磁耦合传递到磁翻转指示器,驱动红、白翻柱翻转 180°,当液位上升时翻柱由白色转变为红色,当液位下降时翻柱由红色转变为白色,指示器的红白交界处为容器内部液位的实际高度,从而实现液位清晰的指示。

图 11-20 为磁翻转式液位计原理。

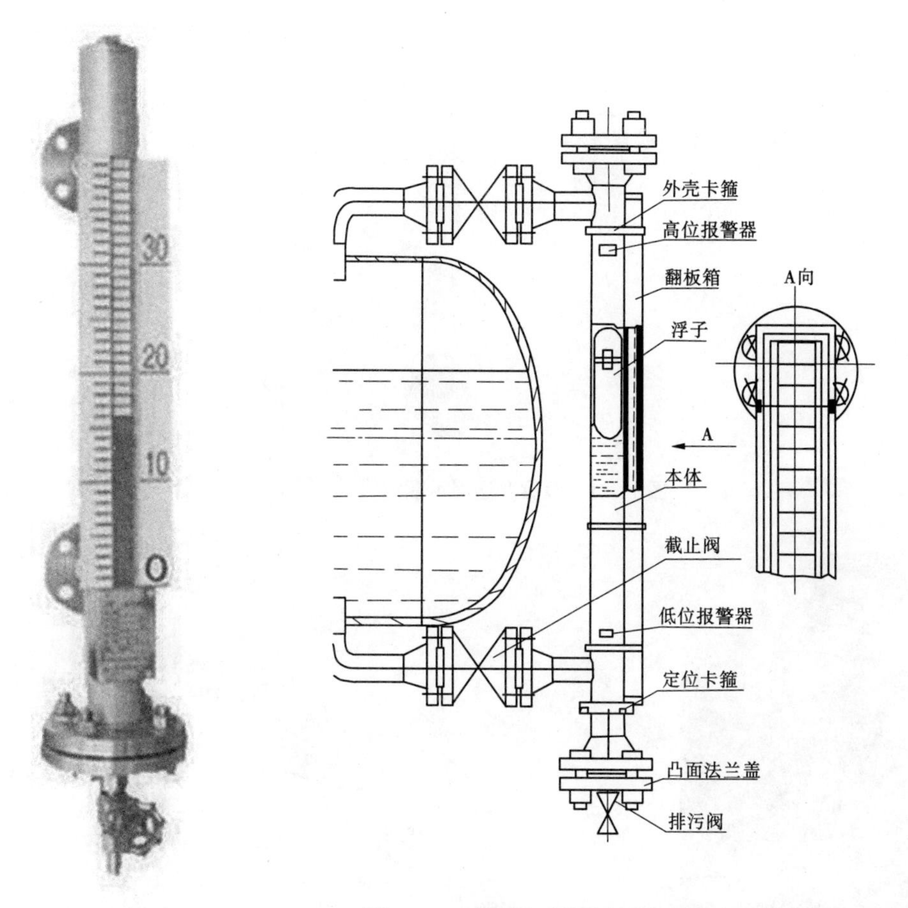

图 11-20　磁翻转式液位计原理

连通器的工作原理：由腔体、浮球、翻柱显示器和电气部分组成。它有一个容纳浮球的腔体，称为本体管，通过法兰或其他接口与容器组成一个连通器；腔体液面与容器内的液面高度相同，腔体内的浮球会随着容器内液面的升降而升降；在腔体的外面装一个翻柱显示器（由一排铁铬永磁片组成，一面白色一面红色）；浮球沉入液体与浮出部分的交界处安装了永磁磁钢，它与浮球随液面升降时，磁性透过外壳传递给翻柱显示器的磁片，推动磁片翻转180°，两色交界处即是液面的高度。

液位变送器部分及电气部分的工作原理：利用磁性浮子作用在磁簧开关上，导致连入回路的电阻数目变化，进而使得传感器部分可以发生与液位相对应的电阻信号。通过信号转化器，就可以把电阻信号转变为 4~20 mA 的电流信号，通过通信电缆将信号传到控制器PLC 中。

图 11-21 为液位变送器示意图。

液位变送器基本形式是将两片磁簧片密封在玻璃管内，两片虽重叠，但中间间隔有一小空隙。当有外来磁场时将使两片磁簧片接触，进而导通，将所对应的电阻接入回路当中，使总电阻的阻值发生变化，进而产生 4~20 mA 的变化电流信号。图 11-22 为液位变送器接线图。

图 11-21　液位变送器示意图

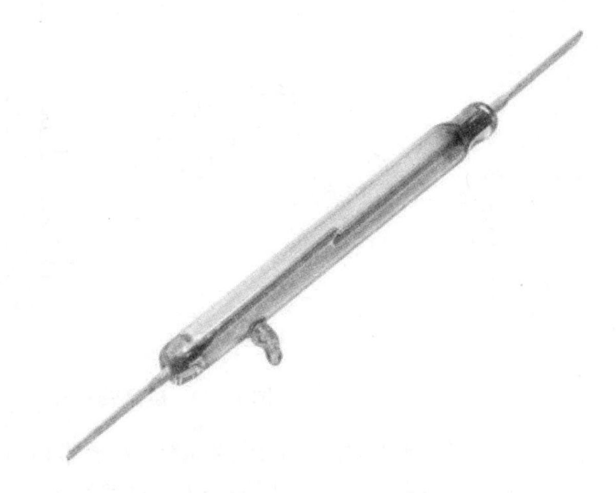

图 11-22　液位变送器接线图

二、差压式液位计

差压式液位变送器的主要检测元件为压力或差压变送器，通过测量高、低压力差，计算出测量容器中的液位压力来进行液位的测量，再由转换部件转换成电流信号传送到控制室的电气元件。差压式液位计主要用于密闭有压容器的液位测量。差压的大小同样代表了液位高度的大小。通过用差压计测量气、液两相之间的差压值来得知液位高低。图 11-23 为差压式液位计示意图。

将差压变送器的一端接液相，另一端接气相，即

$$P_B = P_A + H\rho g$$

因此

$$\Delta P = P_B - P_A = H\rho g$$

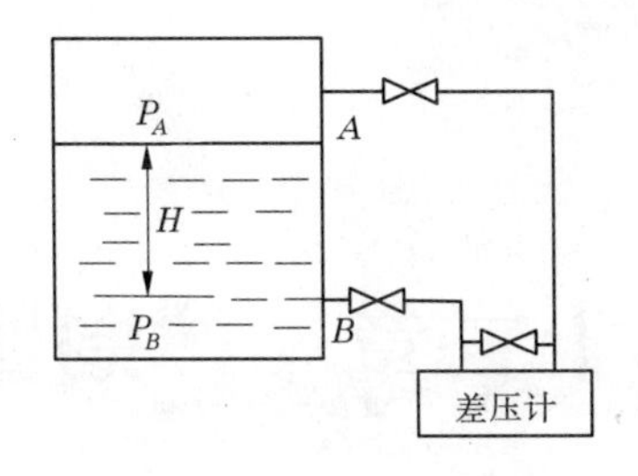

(a)差压式液位计原理图

(b)差压式液位计实物

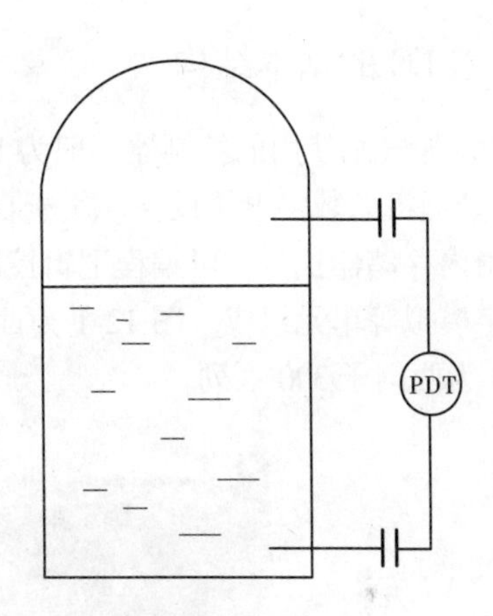

(c)差压式液位计安装示意图

图 11-23　差压式液位计示意图

此外,还有单法兰式液位计,见图 11-24。主要用来测量敞口容易的液位或者密闭容器顶部气相压力为一个大气压的液位高度,一般用于检测设备的冷却水位、液压油位、润滑油位等。

(a)法兰式液位计实物图

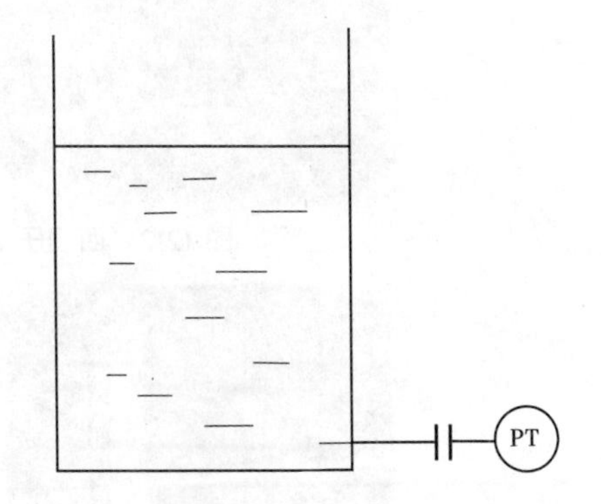

(b)法兰式液位计安装图

图 11-24　单法兰式液位计示意图

3 输气场站参数测量及自动化系统

第十二章　控制器

一、PLC 的基本结构

LNG 加气站使用的控制器一般为 PLC(可编程逻辑控制器),可编程逻辑控制器是一种具有微处理机的数字电子设备。用于自动化控制的数字逻辑控制器,可以将控制指令随时加载,由内存储器执行。可编程逻辑控制器由内部 CPU、指令及资料内存、输入输出、电源模组、数字模拟等单元组成。图 12-1 为西门子 200 系列、图 12-2 为西门子 200 SMART 系列、图 12-3 为西门子 300 系列。

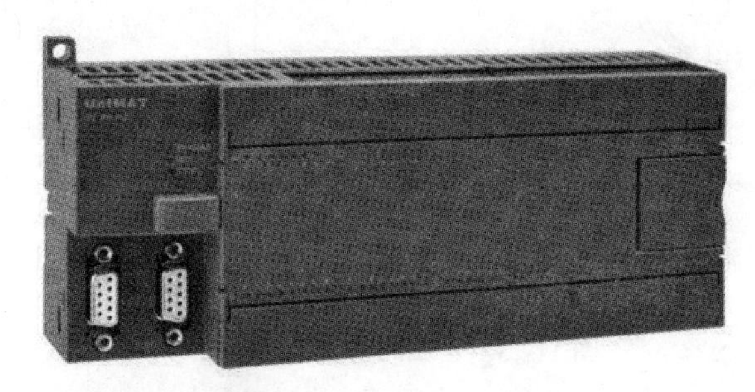

图 12-1　西门子 200 系列

图 12-2　西门子 200 SMART 系列

图 12-3　西门子 300 系列

在可编程逻辑控制器出现之前,一般要使用成百上千的继电器以及计数器才能组成具有相同功能的自动化系统,而现在,经过简单的可编程逻辑控制器模块基本上已经代替了这些大型装置。可编程逻辑控制器的系统程序一般在出厂前已经初始化完毕,用户可以根据自己的需要自行编辑相应的用户程序来满足不同的自动化生产要求。

最初的可编程逻辑控制器只有电路逻辑控制的功能,所以被命名为可编程逻辑控制器,后来随着科学技术不断的发展,这些当初功能简单的计算机模块已经有了包括逻辑控制、时序控制、模拟控制、多机通信等更多功能,名称也改为可编程控制器(Programmable Controller),但是由于它的简写也是 PC 与个人电脑(Personal Computer)的简写相冲突,也由于多年来的使用习惯,人们还是经常使用可编程逻辑控制器这一称呼,并在术语中仍沿用 PLC 这一缩写。

(一)PLC 的基本结构

PLC 基本结构见图 12-4。

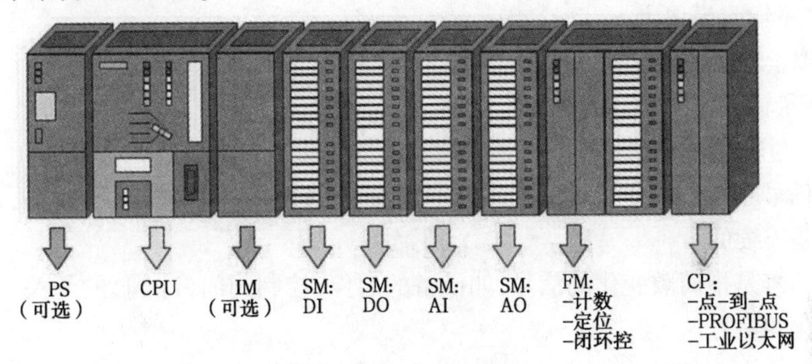

图 12-4 PLC 基本结构

1.PS——电源模块

PLC 的电源在整个系统中起着十分重要的作用。如果没有一个良好的、可靠的电源,系统是无法正常工作的,PS(电源模块)的主要作用是将 220 V 交流电源转化为 24 V 直流电源供给后面模块使用,特别是 CPU 模块。但是如果一般交流电压波动在±10%(±15%)范围内,可以不采取其他措施而将 PLC 直接连接到交流电网上去。

2.CPU——中央处理器模块

中央处理单元(CPU)是 PLC 的控制中枢。它按照 PLC 系统程序赋予的功能接收并存储在编程器键入的用户程序和数据;检查电源、存储器、I/O 以及警戒定时器的状态,并能诊断用户程序中的语法错误。当 PLC 投入运行时,首先它以扫描的方式接收现场各输入装置的状态和数据,并分别存入 I/O 映象区,然后从用户程序存储器中逐条读取用户程序,经过命令解释后按指令的规定执行逻辑或算术运算,并将结果送入 I/O 映象区或数据寄存器内。等所有的用户程序执行完毕之后,最后将 I/O 映象区的各输出状态或输出寄存器内的数据传送到相应的输出装置,如此循环,直到停止运行。

为了进一步提高 PLC 的可靠性,近年来对大型 PLC 还采用双 CPU 构成冗余系统,或采用三 CPU 的表决式系统。这样,即使某个 CPU 出现故障,整个系统仍能正常运行。

3.IM——模块连接器

IM 连接器的主要作用是连接中央机架与扩展机架(见图 12-5)。

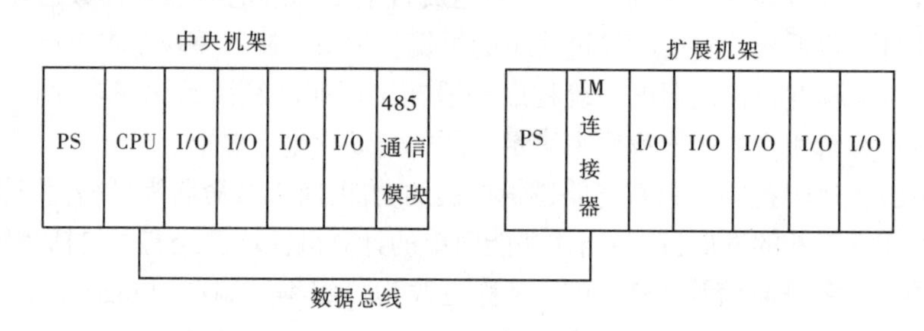

图 12-5 IM——模块连接器示意图

4.输入输出模块

实现扩展机架的输入输出模块把数据传送给 CPU。

I/O(输入输出)模块——AI、AO、DI、DO 模块。

AI:模拟量输入模块。

AO:模拟量输出模块。

DI:数字量输入模块。

DO:数字量输出模块。

模拟量信号是指连续变化的信号,如压力、温度、液位、流量、阀门的开度等,这些信号变化的过程都是连续的。

数字量信号是指离散变化的信号,如设备的启停、控制阀门(球阀)的开关、灯的亮灭等只有两种变化的信号。

输入与输出主要是以 PLC 为参照物,输入就是指现场设备把信号反馈到 PLC,而输出是指 PLC 将信号发送给现场设备。

AI:模拟量输入。

模拟量输入指的是现场的各类变送器把检测到的物理参数转化为 4~20 mA 的连续变化的电流信号输入到 PLC 的 AI 模块。

AO:模拟量输出。

PLC 的 AO 模块输出 4~20 mA 的连续变化的电流传送到现场设备,模拟量的输出一般主要用来控制带有可控执行机构(液动、电动、气动)的阀门的开度。

DI:数字量输入。

数字量输入模块指的是现场设备将状态反馈给 PLC 的 DI 模块,如阀门的开关状态、设备的启停状态等。

DO:数字量输出。

数字量输出是指 PLC 的 DO 模块输出信号(一般为 24 V 的正极信号),送给现场设备来控制设备的启停或者阀门的开关等。

5.功能模块

特定的工艺环节要求,如计数、定位等功能模块。

6.通信模块

以太网、RS485、Profibus-DP 通信模块等,主要连接智能化设备,如流量计、分析仪表等。

(二)PLC 的基本控制

以气动执行机构控制为例：

现场工艺管线上的气动阀门的开关都是由电磁阀来控制的。

一般情况下使用的电磁阀为两位三通电磁阀，所谓“两位”指的是电磁阀线圈在得电或者失电的情况下，阀芯的位置只有两个，而“三通”指的是电磁阀本身有三个通气口，分别是进气口、出气口、排气口。

图 12-6 中 P 为进气口、A 为出气口、T 为排气口。

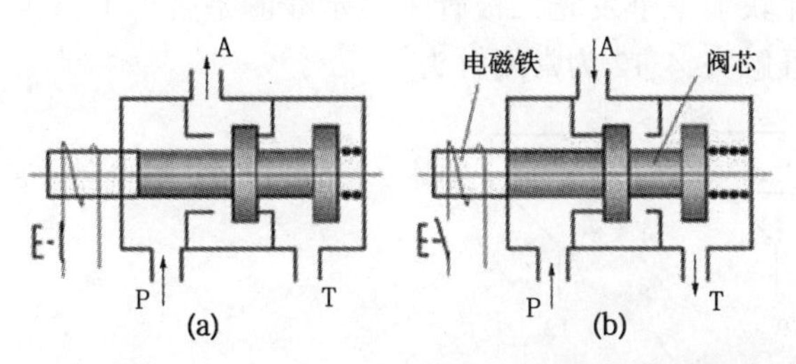

图 12-6　气动执行机构的控制示意图

图 12-7 中所示为单作用型气动执行机构。

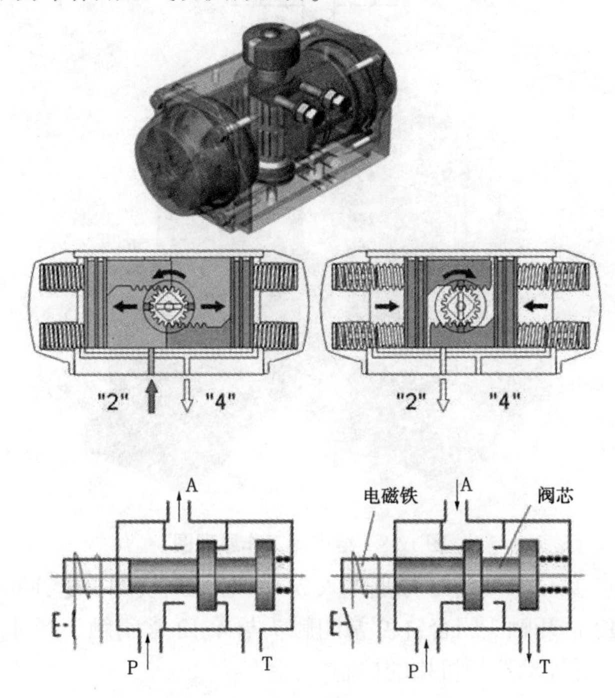

图 12-7　单作用型气动执行机构

其中两位三通电磁阀的出气口 A 连接气动执行器的 2 号接口。当电磁阀线圈得电时，仪表空气从电磁阀 P 经 A 出口进入气动执行器内，由于仪表空气具有一定的压力(一般为 0.4~0.8 MPa)，克服气动执行器内部弹簧，将弹簧腔体的空气经由 4 号接口排到外界，此时气动执行器中间齿轮轴逆时针旋转 90°，带动下面阀体动作。当电磁阀线圈失电时，电磁阀阀芯恢复到原来位置,A 口与排气孔 T 口相通,此时气动执行器内部弹簧复位,将齿轮轴空间的仪表空气经由电磁阀 A 口、T 口排到外界。弹簧复位的同时,外界空气由气动执行器 4 口排出。

综上所述,只要控制了电磁阀线圈的得电失电就可以控制气动阀门的开关,在这个环节中一般使用 24 V 的直流继电器,利用 PLC 来控制继电器的得失电就可以间接控制阀门的开关。

如图 12-8 中所示,一般用 KD 来表示继电器,其中 13、14 号点表示 KD 的 24 V 电磁线圈正、负极接线点,其中在两点之间还并联了一个发光二极管来显示线圈是否得电,5、9 为常开触头,1、9 为常闭触头 ,8、12 为常开触头,4、12 为常闭触头 。

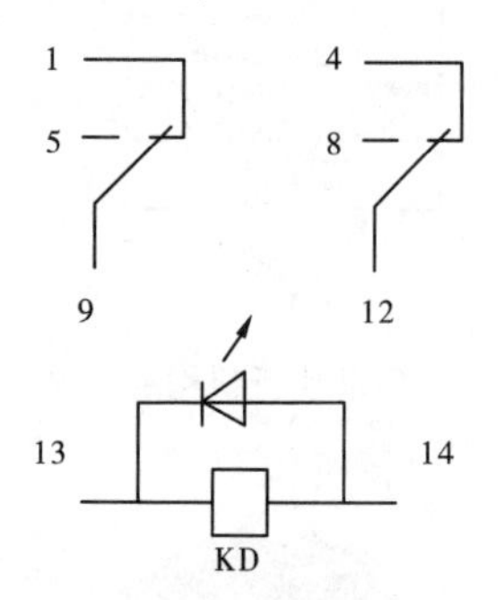

图 12-8　继电器工作原理图

工作过程:当 14 号点接入 24 V+、13 号点接入 24 V-时,KD 线圈得电,同时发光二极管灯亮,5、9 常开触头与 8、12 常开触头闭合;1、9 常闭触头与 4、12 常闭触头断开。利用这个工作过程,就可以实现 PLC 对气动执行机构的控制。

如图 12-9 所示,M 为仪表空气气泵,将压缩空气打入缓冲罐可以实现持续平缓供气,仪表空气由缓冲罐经仪表风管线达到电磁门进气口,此时由于电磁阀线圈没有得电,所以仪表空气无法进入气动执行机构,阀门不动作。

当在上位机系统点击画面控制阀门开启时,PLC 的 DO 模块接收信号,控制 KD 线圈得电,继而实现对气动执行机构的控制。

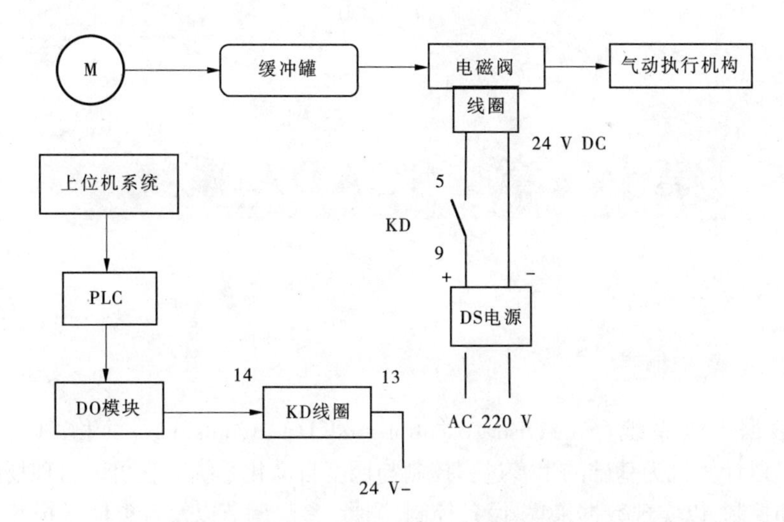

图 12-9　PLC 基本控制图

第十三章 SCADA 系统

一、SCADA 系统概述

监控与数据采集系统(Supervisory Control And Dat Acquisition)简称 SCADA 系统。SCADA系统是以计算机为基础的生产过程控制与调度自动化系统。它可以对现场的运行设备进行监视和控制,以实现数据采集、设备控制、测量、参数调节以及各类信号报警等各项功能。

由于 SCADA 系统的特点是点多、面广、线长,所以在油气田及长输管道自动化系统中得到了较为广泛的应用。在天然气输送行业中,SCADA 系统"监控"许多小型控制系统。在管线沿途,每一个压缩机站都有一个操作站控制系统,站内有独立的控制器;操作站控制系统能够通过 SCADA 系统与中央单元进行数据通信,并能从控制中心的控制器那里接收指令。控制器为整个管线系统做出决定,从而提高了整个管线输送系统的效率。这就是所说的整个管线系统观点。

天然气集输 SCADA 系统负责收集数据并根据收集的数据进行远程控制。SCADA 系统通常由计算机、程序、显示终端和通信设备组成。它存储操作站数据作为历史存档、报告加工及作判断之用,并通过系统内的监控调节器、压力控制阀或其他操作设备从控制中心对天然气网络进行操作。控制器通过 SCADA 系统将气体压力和流量指令发送到控制站,就如同无人驾驶飞机的"飞行员"通过 SCADA 系统将调整信息发送到飞机自动驾驶仪以保证飞机按预定路线飞行一样。如果 SCADA 系统的通信系统长时间没有工作或者没有收到新的信号,控制站将保持这些最新的指令并降低操作站的运行风险。这是管理操作站控制系统的 SCADA"监督"方面的内容,SCADA 系统不能跨越控制站系统。当 SCADA 与压缩机站控制系统之间通信发生故障时,压缩机站控制系统能够使压缩机站继续工作。

二、SCADA 系统的组成

图 13-1 为 SCADA 系统设备配置图。

(一)控制中心

调度控制中心简称 DCC,DCC 作为 SCADA 系统最高级别的一层,主要负责采集所有现场 PLC/RTU 的数据,对整个系统的工艺生产进行监视、管理、优化、决策及控制。

DCC 的硬件配置有 SCADA 主机、操作员工作站、打印机、UPS 电源等;软件配置有操作系统软件、SCADA 系统软件、数据库软件、应用软件等。

图 13-2 为调度控制中心现场图。

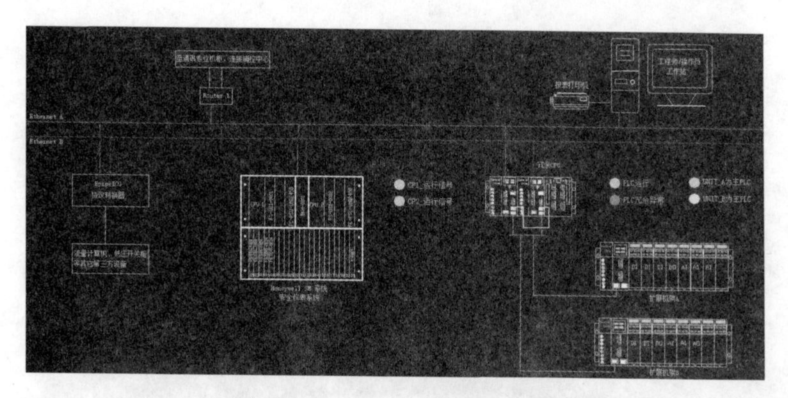

图 13-1 SCADA 系统设备配置图

图 13-2 调度控制中心现场图

调度中心负责对全线进行集中监视、控制和调度管理。包括以下几个主要部分：

(1)实时数据服务器：主要是进行数据的采集和处理。

(2)历史数据库服务器：进行数据的存储及网络发布(WEB)。

(3)工程师站：实现对系统的组态及维护，也可作为操作员站使用。

(4)操作员站：实现工艺流程的监控、系统数据的查询、处理、设置、报表、打印等功能，不同操作员站可以显示不同的画面。

(5)UPS 电源：为调度中心提供后备电源，保证数据完整性。

(二)网络通信

网络通信示意见图 13-3。

调度中心与远程监测站之间采用专用光纤、以太网、卫星、无线 CDMA、GPRS、3G/4G 网络通信，其实施要根据该 SCADA 系统的规模大小，一般选择网络为：调度中心与站控系统(PLC)采用专用光纤或者以太网方式通信，与远程管网监测端站(RTU)采用无线 CDMA、GPRS、3G/4G 方式通信。

图 13-3　网络通信示意图

采用 GPRS 通信,调度中心需申请公网 IP 地址或者固定域名,各监测端站均配 SIM 数据通信卡。为用户节省大量的运营费用,用户只需支付各监测端站相应的 GPRS 费用即可。

网络通信的功能是:在网络中的所有用户可以共享全部或部分信息资源,实现硬件、软件和数据共享。

(三)RTU/PLC

RTU/PLC 示意图见图 13-4。

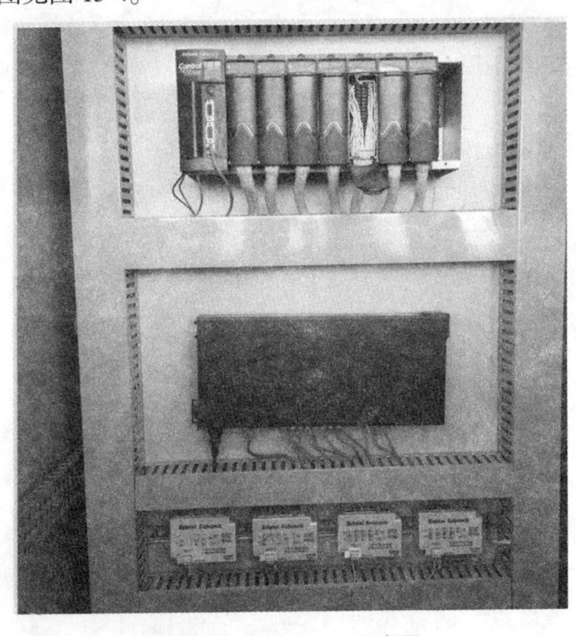

图 13-4　RTU/PLC 示意图

可编程逻辑控制器(PLC)和远程终端单元(RTU)是两个术语,用来描述就地控制层,是实现现场数据采集、计量、报警、停车保护、控制、显示与打印的黑匣子。它们作为 SCADA 系统现场终端能按要求实时向主站发送信息,并接收来自主站的控制指令与信息,实现远程控制。各种 SCADA 系统中所应用的 PLC/RTU 功能与组成各不相同。

PLC /RTU 主要由 CPU、电源模块、通信模块、各种 IO 模块组成,若为冗余系统,则还需要冗余模块来实现两个 CPU 之间的冗余功能。

三、SCADA 系统的主要功能

SCADA 系统的主要功能(见图 13-5)如下:

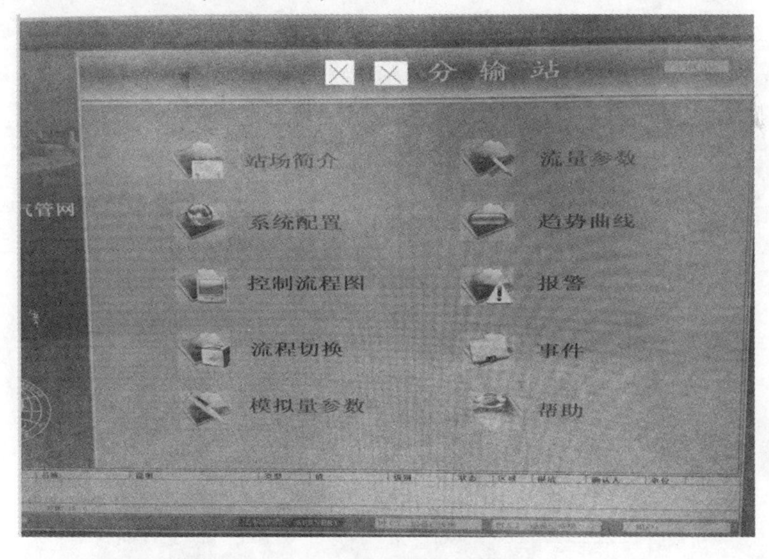

图 13-5

(1)数据采集和处理。

(2)全线输气管理及各站的启动和停输。

(3)数据的显示包括工艺流程的动态显示、趋势图显示。

(4)报警显示、管理以及事件的查询、打印。

(5)将数据传送到历史数据库中。

(6)为其他管理系统如模拟仿真系统、MIS、GIS、Call Center 等提供平台接口,进行数据交换、数据共享,实现与 GIS、MIS 或 Call Center 等系统的集成。

第十四章　常用的流量计

第一节　超声波流量计

一、超声波流量计的结构

超声波主要分为三部分:流量计本体、超声换能器、Mark Ⅱ 电子数据处理单元,如图 14-1 所示。

图 14-1　超声波流量计示意图

(一)流量计本体

流量计本体是经特殊加工,用于安装超声换能器、Mark Ⅱ 电子数据处理单元及压力变送器等装置。

(二)超声换能器

超声换能器是把声能转换成电信号和把电信号转换成声能的元件(见图 14-2)。

(三)电子数据处理单元

电子数据处理单元由电子元件和微处理器系统组成。它接收换能器的信号,且具有处理测量信号和显示、输出及记录测量结果的功能(见图 14-3)。

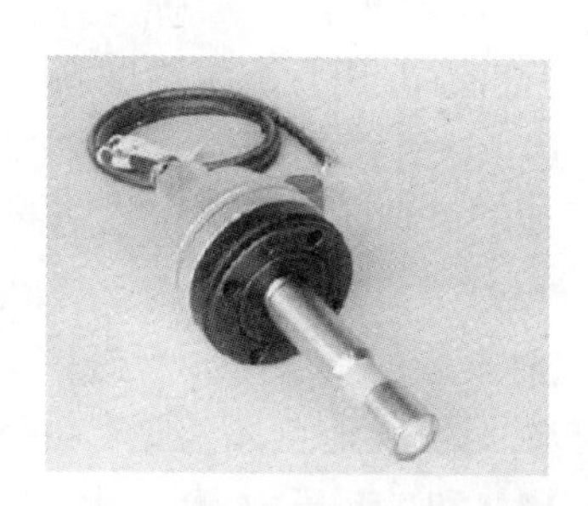

图 14-2　换能器示意图

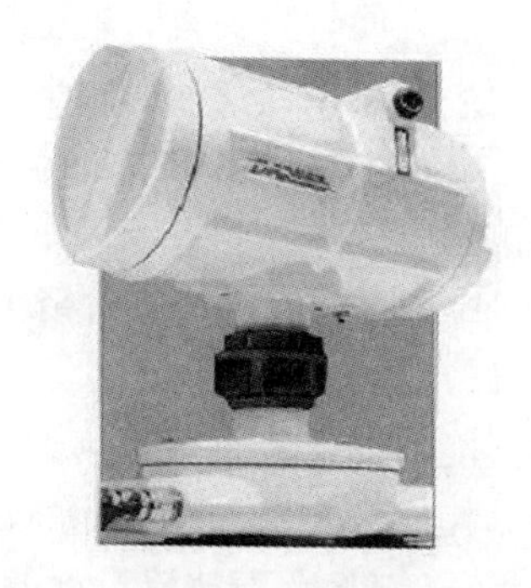

图 14-3　电子数据处理单元示意图

二、超声波流量计的检测原理

气体超声波流量计是利用超声脉冲在气流中传播的速度与气流的速度有对应的关系，即顺流时的超声脉冲传播速度比逆流时的传播速度要快，这两种超声脉冲传播的时间差越大，则流量也越大的原理。

在实际工作过程中，处在上下游的换能器将同时发射超声波脉冲，显然一个是逆流传播，一个是顺流传播。气流的作用将使两束脉冲以不同的传播时间到达接收换能器。由于两束脉冲传播的实际路程相同，传输时间的不同直接反映了气体流速的大小（见图 14-4）。

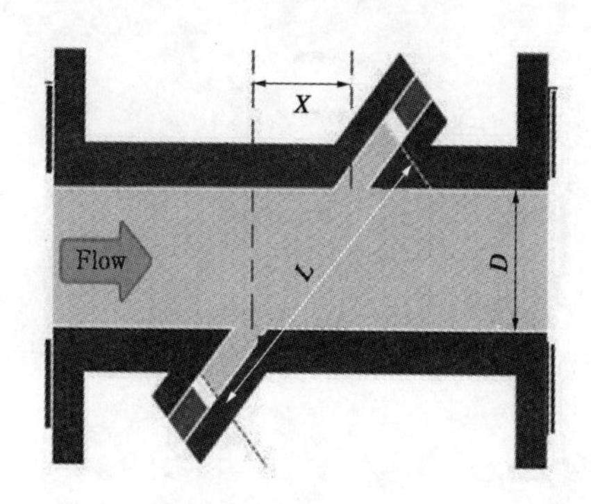

图 14-4　超声波流量计检测原理图

$$t_1 = \frac{L}{c - v(x/L)}$$

$$t_2 = \frac{L}{c + v(x/L)}$$

$$\Delta t = t_1 - t_2$$

三、超声波流量计的特点

（一）优点

（1）超声波流量计属于非接触式测量，对流体场无干扰、无阻力件，不产生压力损失。

(2)安装方便。只要将管外壁打磨光,抹上硅油,使其接触良好即可。

(3)超声波流量计受介质物理性质的限制比较少,适应性较强。可测量各种介质,适合腐蚀性强、黏性大、混浊度大的流体,尤其是大管径管道流体,而且测量精度高。

(4)测量管径大。超声波流量计最大测量管径可达 10 m,这是其他流量计所不能比拟的。同时,超声波流量计的价格不受管径影响,而其他流量计管径越大价格越高。

(二)缺点

(1)换能器的安装直接影响到计量的准确度,因此对安装的要求十分严格。

(2)结构较为复杂,故障排除较困难,抗干扰性较差,对安装地点环境要求较高。

(3)无压流时,超声波流量计的上、下游直管段为 $10D$ 和 $5D$;压力流时,上、下游所需直管段比无压流时更长。

(4)管道口径小时,价格较高。

四、超声波流量计的常见故障及处理办法

(一)测量流量不准确

1.故障原因

(1)流量计探头有杂质。

(2)流量计有干扰。

(3)参数设置错误。

2.处理办法

(1)定期清理探头。

(2)消除干扰,增加信号线屏蔽层。

(3)重新设定参数。

(二)没有流量信号

(1)故障原因:接触不好。

(2)处理办法:检查超声波流量计的各信号电缆及接头、直流电源的电压、电源线及用户一端的接口。

(三)超声探头不工作

1.故障原因

(1)压力超范围。

(2)探头故障。

2.处理办法

(1)调整计量工作压力。

(2)按要求更换相同型号的新探头,并将新探头的标定参数输入到相应的程序系统中,记录新探头的系列号。检查各声道的声速测量值,其最大误差不超过 0.2%。再计算出相同条件下的理论声速,二者之间误差应在超声波流量计说明书规定的范围内。

(四)现场采集数据不准确

(1)故障原因:导压管堵塞。

(2)处理办法:对引压管进行吹扫或检查是否冰堵并加电伴热。

（五）瞬时流量波动大

1.故障原因

（1）气流不稳定。

（2）声波强度不稳定。

2.处理办法

（1）流量计前后保证足够长的直管段。

（2）调整探头位置，保证声波强度稳定。

第二节　涡轮流量计

一、涡轮流量计概述

气体涡轮流量计是一种速度式流量计（见图 14-5），它采用多叶片的转子（涡轮）感受流体平均流速，通过测量涡轮转速或转数求得瞬时流量或累计流量。

图 14-5　涡轮流量计示意图

由于其较高的精确度、良好的重复性和较宽的范围以及维护方便等，涡轮流量计是目前气体流量仪表中应用较为广泛且比较成熟的高精度仪表。

二、涡轮流量计的结构

涡轮流量计的结构见图 14-6。

（一）机械计数器

机械计数器采用标准 8 位 10 进制计数器结构，并装有防爆的低频脉冲发生器和中频脉冲发生器。低频脉冲系数传递给体积修正仪，可将工作状态下的气体体积转换成标准状态的气体体积。图 14-7 为机械计数器示意图。

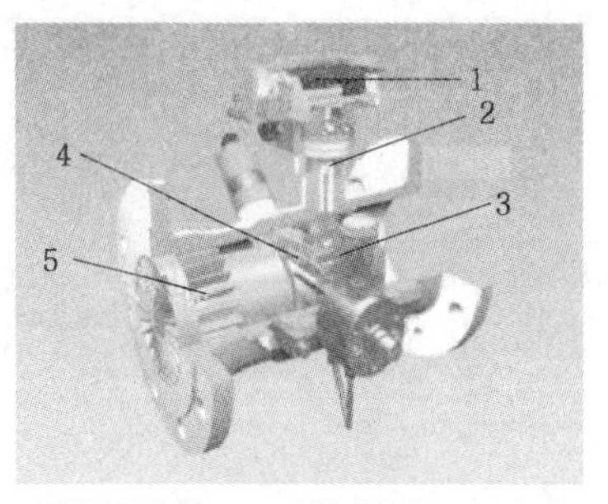

1—机械计数器；2—磁性联轴器；3—机芯；
4—涡轮；5—整流器

图 14-6　涡轮流量计的结构

图 14-7　机械计数器示意图

(二)涡轮

涡轮是流量计的检测元件,由高导磁性材料制成。涡轮示意图如图 14-8 所示。

图 14-8　涡轮示意图

(三)整流器

整流器(见图 14-9)可以有效地利用空间面积,能够以最大的流通率和最小的压力损失消除气体流动旋涡,能够最大限度地改善气体流场畸变,减少管道涡流对涡轮的影响,从而将紊乱的流场整流成一个均匀对称的流场。

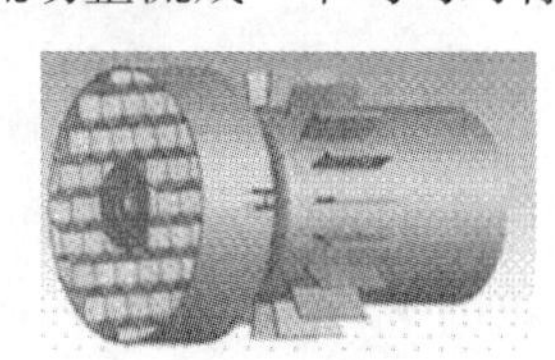

图 14-9　整流器示意图

三、涡轮流量计的计量原理

(1)当被测气体进入流量计时,气流在整流器作用下得到整流并加速。

(2)流动的气体在涡轮叶片上产生压差,从而推动涡轮沿轴旋转。

(3)通过轴和齿轮的转动,旋转着的涡轮转子驱动着带有 8 位数字的机械计数器进行计数(磁电转换器将转数转换成电脉冲),低频脉冲(0~0.5 Hz)装置将这些信号传给体积修正仪。

(4)体积修正仪通过统计这些脉冲,可计算出流过的气体体积总量和瞬时流量等相关数据。

涡轮流量计原理方框示意图见图 14-10。

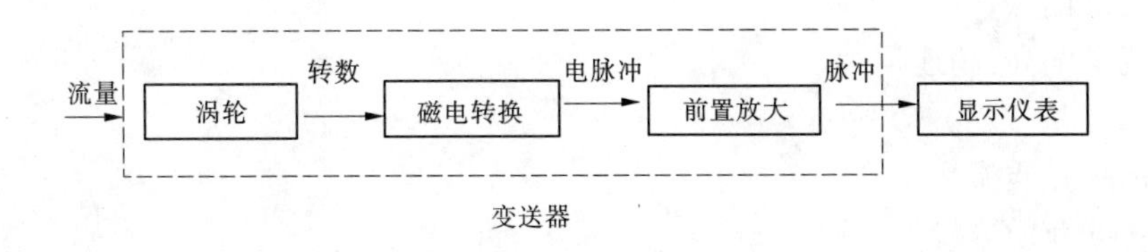

图 14-10　涡轮流量计原理方框示意图

四、体积修正仪

体积修正仪在线检测天然气的温度、压力、流量等信号，并进行压缩因子的自动修正和流量的跟踪补偿，将工况体积量转化为标准状态的体积量。

$$V_b = V_m \frac{Z_b}{Z_m} \frac{P_m}{P_b} \frac{T_b}{T_m}$$

式中　V_m——工况下体积；

V_b——标况下体积；

T_m——实际温度；

T_b——标准温度；

P_m——实际压力；

P_b——标准压力；

Z_m——实际压缩系数；

Z_b——标况下压缩系数。

五、涡轮流量计常见的故障及处理办法

涡轮流量计一次表的损坏主要是轴承和叶轮，因此可以采用整体更换表芯的方式。

（一）流量计走气不走字或走字与实际不符

1.故障原因

（1）流量计旁通开着。

（2）流量小于启动流量。

（3）叶轮或传动机械故障。

（4）气质可能不干净。

2.处理办法

（1）缓慢关闭旁通阀。

（2）使用小流量范围的流量计。

（3）拆下检查，可能原因是管道清扫不干净，残留的杂质卡住了叶轮。

（4）若是气质较差导致不能正常运行和计量，建议更换计量方式。

(二)在工况条件下流量下降达到量程最小值或最大值

1.故障原因

(1)流量偏低。

(2)流量偏高,超速运行。

2.处理办法

(1)提高介质流量。

(2)降低介质流量。

(三)介质正常流动时无显示,总量计数器示值不增加

1.故障原因

(1)叶轮卡住,轴和轴承有杂物卡住或断裂现象。

(2)电源线、信号线断路或接触不良。

2.处理办法

(1)去除异物,并清洗或更换损坏零件。

(2)正确连接电源线、信号线。

第三节 腰轮流量计

腰轮流量计示意图见图14-11。

图14-11 腰轮流量计示意图

一、腰轮流量计概述

腰轮流量计又叫罗茨表,是一种容积式流量计。它内部设计有具有一定容积的计量室空间,利用机械测量元件把流体连续不断地分割成单个已知的体积部分,根据计量室逐次、重复地充满和排放该体积部分流体的次数来测量流量体积总量。

二、腰轮流量计的结构

腰轮流量计主要由壳体、腰轮转子组件(主要是测量元件)、驱动齿轮和表头组成。

腰轮流量计壳体内部有一个计量室,计量室内有一对可以相切旋转的腰轮。

在流量计壳体外面与两个腰轮同轴安装了一对驱动齿轮，它们相互啮合，使腰轮可以相互联动。

图 14-12 为腰轮流量计结构示意图。

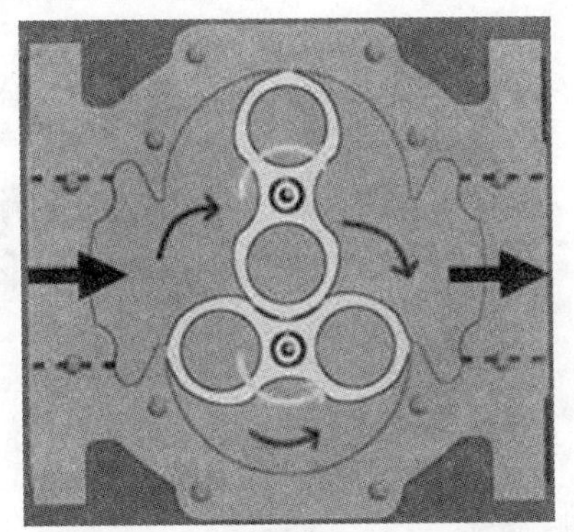

图 14-12　腰轮流量计结构示意图

三、腰轮流量计的计量原理

腰轮流量计利用测量元件两个腰轮，把流体连续不断地分割成单个的体积部分，利用驱动齿轮和计数指示结构计量出流体总体积量。

腰轮流量计有两个腰轮（酷似 8 字形）状的共轭转子，分别控制在各自的转轴上，一个腰轮转动，另一个就跟着（同步齿轮连接）反向转动，相互间始终保持着一条线接触（准确说是接近），既不能相互卡住，又不能有泄露间隙。

腰轮流量计的原理示意图见图 14-13。

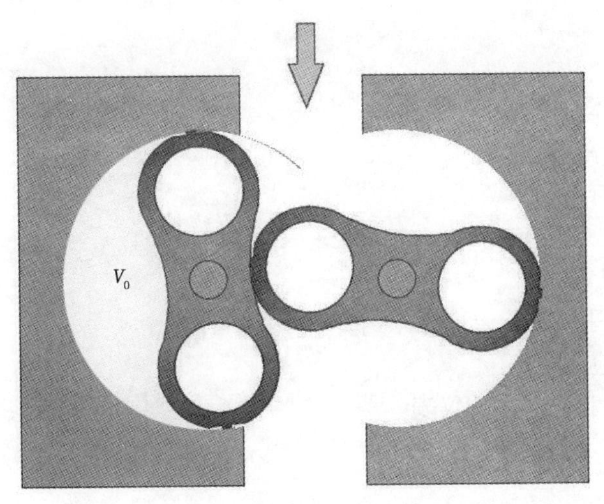

图 14-13　腰轮流量计原理示意图

流量计的工作原理可以从图 14-14 中的 4 个过程来分析。当有气体通过流量计时，在流量计进出口气体压力差的作用下，两腰轮将按如图方向旋转。当在进气口充入气体时，两个腰轮都向外转，如图 14-14 中 A 位置所示。当下边的腰轮放横（水平状态）时，在它下边存有一定体积量的气体，连续转动时，一定体积量的气体将从排气口排出，见图 14-14 中 B 位置所示。

上边的腰轮将进来的气体存入上腔中，并将气体送出排气口，见图 14-14 中 C 位置、D 位置所示。当进气压力高于排气压力时，两个腰轮将连续转动，一次次地排出气体。计量室的体积为 V_0，当两个腰轮各完成一周的转动时所排出的气体为 $4V_0$。

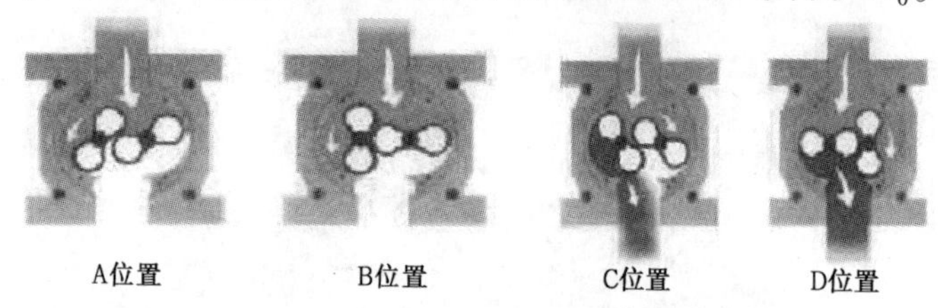

图 14-14 腰轮流量计运动过程

四、腰轮流量计的常见故障及处理办法

（一）无流量记录

1.故障原因

（1）管道或仪表堵塞。

（2）齿轮不转动或管道内无气流。

2.处理办法

（1）检查是否堵塞并保持畅通。

（2）检查齿轮是否可以自由旋转或管内是否有气流。

（二）工作时伴有噪声

1.故障原因

（1）转子损坏。

（2）转子与腔体有摩擦。

（3）管道不平齐或有应力。

（4）计量室内有杂物。

2.处理办法

（1）更换转子。

（2）加注专用润滑油。

（3）排除管道应力。

（4）加注专用润滑油，冲洗仪表。

（三）二次表显示不正常

1.故障原因

（1）传感器故障。

（2）显示屏故障。

2.处理办法

（1）检查传感器工作状况。

（2）检查显示屏接触是否可靠或电路部分供电是否正常。

3 输气场站参数测量及自动化系统

第十五章　电动执行器

一、电动执行机构的分类

电动执行机构有角行程、直行程两种。它将输入的直流电流信号(0~10 mA 或 4~20 mA)转换成直线位移量或角位移量。这两种执行机构均是以交流电机为动力的位置伺服机构,电气原理完全相同,只是减速器不一样。图 15-1 为电动执行机构示意图。

(a)角行程电动执行机构　　(b)直行程电动执行机构

图 15-1　电动执行机构示意图

电动执行机构由伺服放大器、电动机、减速器和位置传感器组成(见图 15-2)。它将来自控制器的输入信号和来自位置传感器的反馈信号相比较,所得差值信号经伺服放大器功率放大后,驱使电动机正转或反转,再经减速器减速,使调节机构输出的直线位移或角位移增大或者减小,推动调节阀动作。

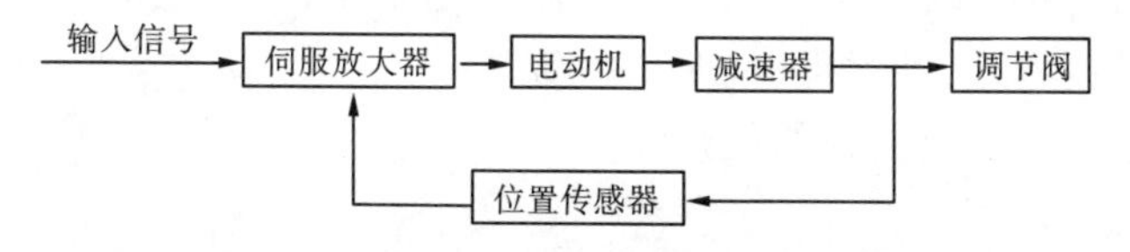

图 15-2　电动执行机构原理方框示意图

所以,大多数天然气输配场站用电动执行器来控制相应的自控阀门。而 rotork 执行器因简单且无可匹敌的终身使用可靠性,不论在何种环境、任何应用场合, 已成为可信赖的阀门控制领域中的领导者。

二、罗托克电动执行器

下面以罗托克电动执行器为例来认识一下电动执行机构的基本结构、功能以及控制原理。图 15-3 为 rotork 电动执行机构。

图 15-3　rotork 电动执行机构

(一)基本结构

rotork 电动执行机构结构图见图 15-4。

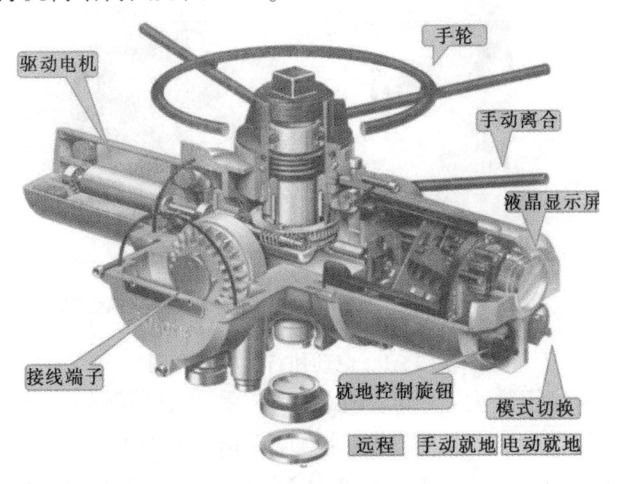

图 15-4　rotork 电动执行机构结构图

(1)利用电机的正反转来实现阀门的开启或关闭功能。

(2)有三种控制方式,即远程、就地和手动。

(3)液晶显示屏上可以反馈阀位开度。

(二)基本功能

1.力矩保护

防止执行机构操作时过力矩,保护阀门。力矩保护值由设定器设置。

2.阀位限位保护

执行机构运行到关闭或打开位置时自动停止(与设定方式有关)。

3.自动相序调整

自动检测接入电源的三相电源的相序,并调整。

4.瞬时反转保护

当执行机构接收相反方向动作命令时,自动加上一个时间延时,防止对阀轴和变速箱产生磨损。

5.电源缺相保护

能检测电机静止时发生的电机缺相,也能检测电机运行过程中发生的电源缺相,如果单相或多相掉电,电机将不能运行。

6.阀门卡住时的动作

若在7 s内执行机构没有动作,控制电路会切断电机的供电。

7.过热保护

在电机绕组的端部装有两个热继电器,直接检测电机绕组的温度,当温度过热时,控制电路将禁止执行机构动作。

(三)控制原理

下面我们分别以电动球阀和电动调节阀为例,讲述它们的实际控制。电动球阀的开关动作及反馈见图15-5,电动调节阀的开关动作及反馈见图15-6。

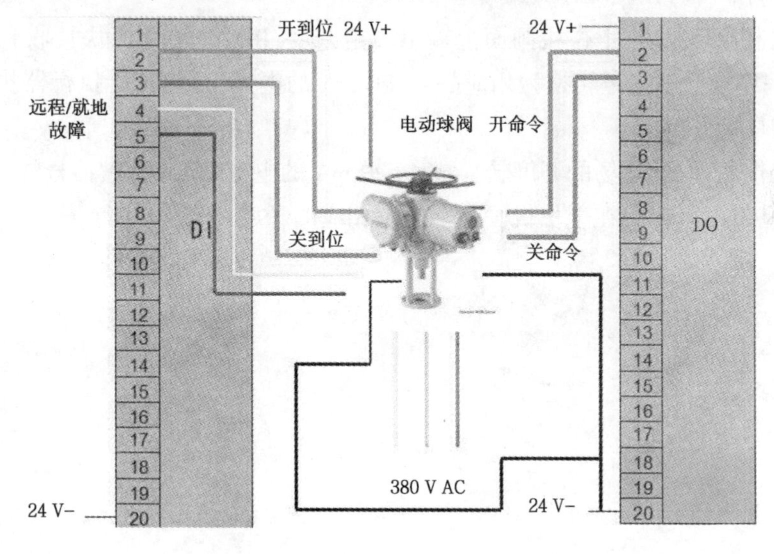

图15-5　电动球阀的开关动作及反馈

1.电动球阀的开关动作及反馈

它的控制原理是:上位机通过给PLC的DO模块信号(开或关),PLC程序开始执行,输出信号去控制KD继电器线圈,通过KD继电器线圈得电或失电来控制路线中直流24 V电是否供给电机接线板,最终控制交流电是否供给电机,让电机实现正转或反转来控制阀门的开或关。

它的反馈原理是:阀门开、关到位或就地、远程、故障等现场状态信号通过PLC的DI模块,反馈到上位机监控画面上显示。

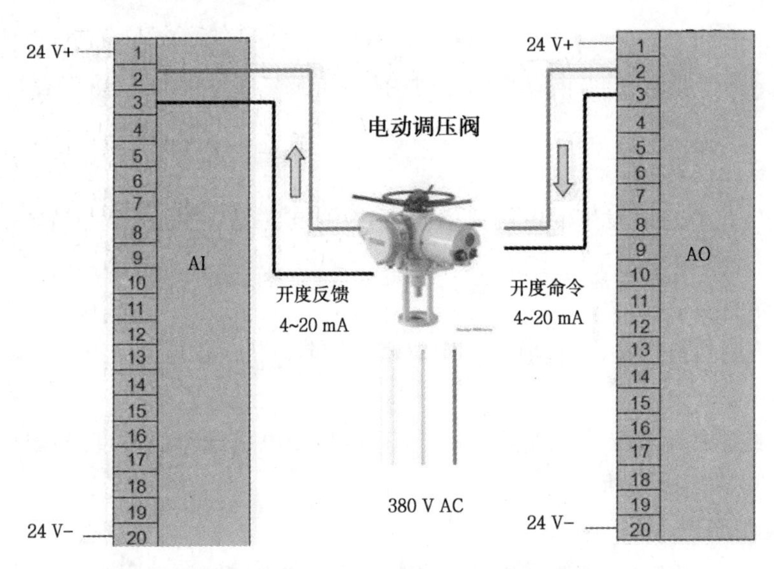

图 15-6 电动调节阀的开关动作及反馈

2.电动调节阀的开关动作及反馈

它的控制原理是:在上位机画面上输出一定开度,PLC 的 AO 模块接收到开度信号,通过 PLC 程序把开度信号转换为相应的 4~20 mA 的电流信号,推动执行器执行动作,使阀门调到相应的开度。

它的反馈原理是:现场的开度转换成 4~20 mA 的电流信号,通过信号线传给 PLC 的 AI 模块,经 PLC 处理后,在上位机画面上显示相应的开度。

3 输气场站参数测量及自动化系统

第十六章　气动执行器

气动执行器由气动执行机构、电磁阀或电气阀门定位器、气动三联件、调节机构等组成。

一、气动执行机构

气动执行机构是利用气源压力(140 kPa 或 250 kPa、更高压力的压缩空气)驱动启闭或调节阀门的执行装置。

从结构上看,气动执行机构主要分为薄膜式、活塞式、长行程执行机构等。

薄膜式执行机构的特点是结构简单、动作可靠、维修方便、价格便宜,通常接收 20 ~ 100 kPa 的标准压力信号,但由于结构上装有压缩弹簧,执行机构的推力大部分被弹簧反作用力抵消,因此输出行程较小,只能直接带动阀杆。

活塞式执行机构行程长,适用于要求有较大推力的场合。

长行程执行机构的结构原理与气动活塞式执行器基本相同。它具有行程长、输出力矩大的特点,适用于输出角位移和大力矩的场合。

较常用的有薄膜式和活塞式两种。

(一)气动薄膜式执行机构

气动薄膜式执行机构分为有弹簧和无弹簧两种,即单作用和双作用两种。单作用意味着执行器只有开或者关是气源驱动,相反的动作则由弹簧复位来完成。双作用意味着执行器的开关动作都通过气源来驱动执行。

现以常用的有弹簧正作用式的机构为例说明其工作原理。

如图 16-1 所示,当信号压力进入膜室上腔时,在膜片上产生一个推力,使推杆下移并压缩弹簧,带动阀杆和阀芯动作。当弹簧的作用力与信号压力在膜片上产生的推力相平衡时,推杆稳定在一个对应的位置上,推杆的位移即执行机构的输出,也称为行程。

(二)气动活塞式执行机构

气动活塞式执行机构也分为单作用和双作用两种。

1. 单作用活塞式气动执行机构(弹簧复位)

它的工作原理是:如图 16-2(a)所示,压缩空气从气口 2 进入气缸两活塞之间中腔时,使两活塞分离并向气缸两端方向移动,迫使两端的弹簧压缩,两端气腔的空气通过气口 4 排出,同时使两活塞的齿条同步带动输出轴(齿轮)逆时针方向旋转 90°。

在压缩空气经过电磁阀换向后,气缸的两活塞在弹簧的弹力下向中间方向移动,中间

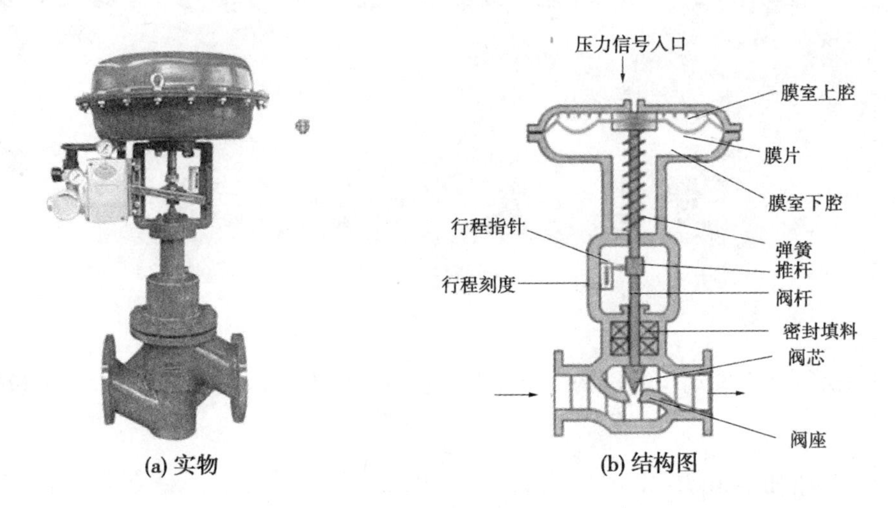

图 16-1　气动薄膜式执行机构示意图

气腔的空气从气口 2 排出，同时使两活塞的齿条同步带动输出轴（齿轮）顺时针方向旋转 90°（见图 16-2（b））。

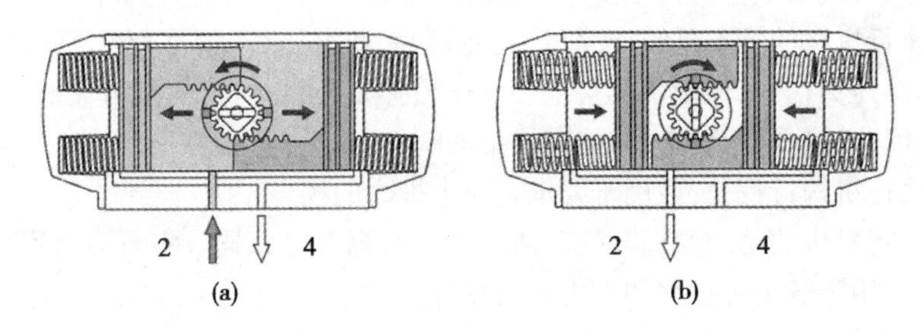

图 16-2　单作用气动薄膜式执行机构示意图

2. 双作用活塞式气动执行机构

如图 16-3（a）所示，它的工作原理是压缩空气从气口 2 进入气缸两活塞之间中腔时，使两活塞分离并向气缸两端移动，两端气腔的空气通过气口 4 排出，同时使两活塞的齿条同步带动输出轴（齿轮）逆时针方向旋转 90°。

反之压缩空气从气口 4 进入气缸两端气腔时，使两活塞向气缸中间方向移动，中间气腔的空气通过气口 2 排出，同时使两活塞的齿条同步带动输出轴（齿轮）顺时针方向旋转 90°（见图 16-3（b））。

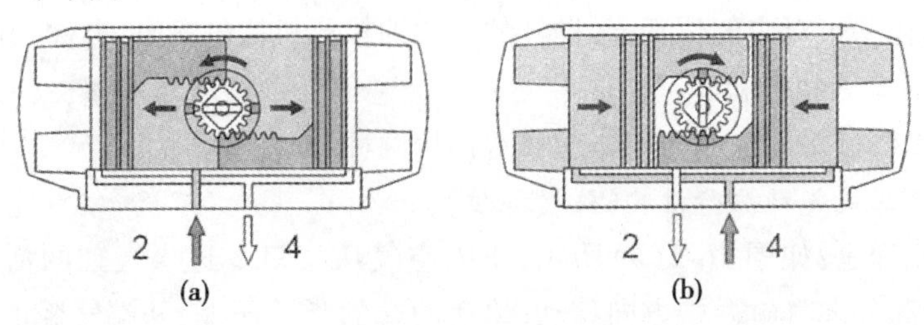

图 16-3　双作用气动薄膜式执行机构示意图

二、电磁阀与电/气阀门定位器

无论是气动薄膜式执行机构还是气动活塞式执行机构，只要能控制提供给它们的气源（0.4～0.8 MPa 的压缩空气），俗称仪表风，就可以控制气动阀的开启、关闭或开度的调节。那么仪表风应该如何控制呢？

从气动阀的功能上看，气动阀可以分为气动切断阀和气动调节阀（见图 16-4）。气动切断阀与气动调节阀的区别是气动切断阀可以通过切断或供应仪表风来控制阀门，只有全开和全关两种状态，且响应速度快，无法调节阀门的开度；而气动调节阀可以按控制信号压力的大小产生相应的推力，推动调节机构动作，从而调节阀门的开度，实现控制介质的流量。

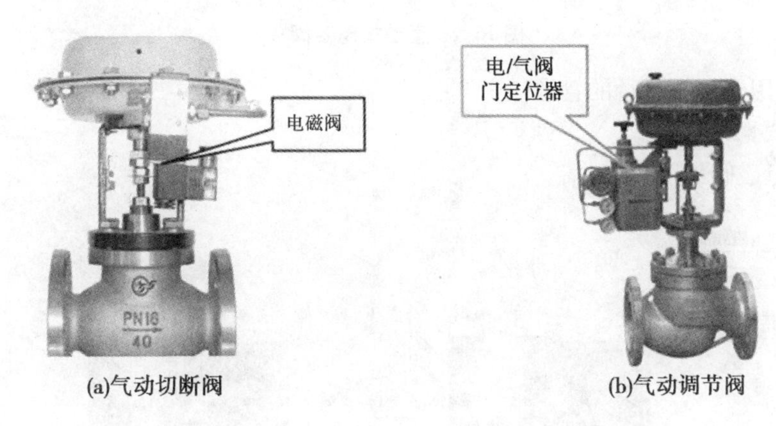

图 16-4　气动切断阀和气动调节阀

我们用电磁阀来控制仪表风的通断，用阀门定位器来调节控制仪表风压力大小。接下来我们认识一下电磁阀和阀门定位器。

（一）电磁阀

电磁阀是用电磁控制的工业设备，用在工业控制系统中调整介质的方向、流量、速度和其他参数。

1. 工作原理

在气动回路中，电磁阀的作用是控制气流通道的通、断或改变压缩空气的流动方向。主要工作原理是利用电磁线圈产生的电磁力的作用，推动阀芯切换，实现气流的换向。

2. 分类

按电磁控制部分对换向阀推动方式的不同，可以分为直动式电磁阀和先导式电磁阀。直动式电磁阀直接利用电磁力推动阀芯换向，而先导式电磁阀则利用电磁先导阀输出的先导气压推动阀芯换向。

1）直动式电磁阀

直动式电磁阀外形见图 16-5（a）。

原理如图 16-5（b）所示：线圈带电时，阀门打开流体通过。线圈停电时，阀门关闭，流体不能通过。

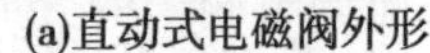

(a)直动式电磁阀外形

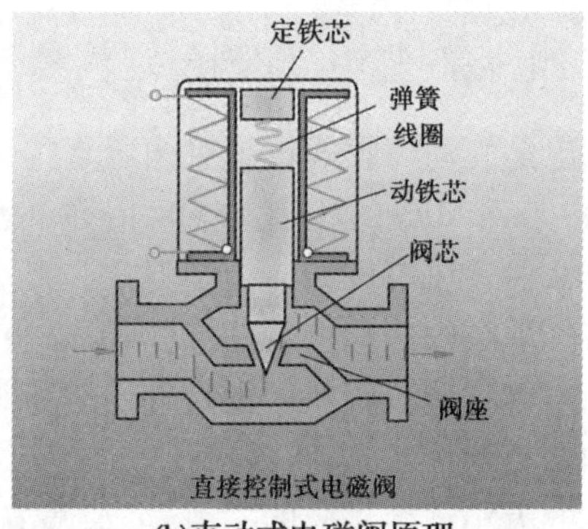

(b)直动式电磁阀原理

图 16-5 直动式电磁阀

特点:适用于较小口径的管道。

2)先导式电磁阀

先导式电磁阀见图 16-6。

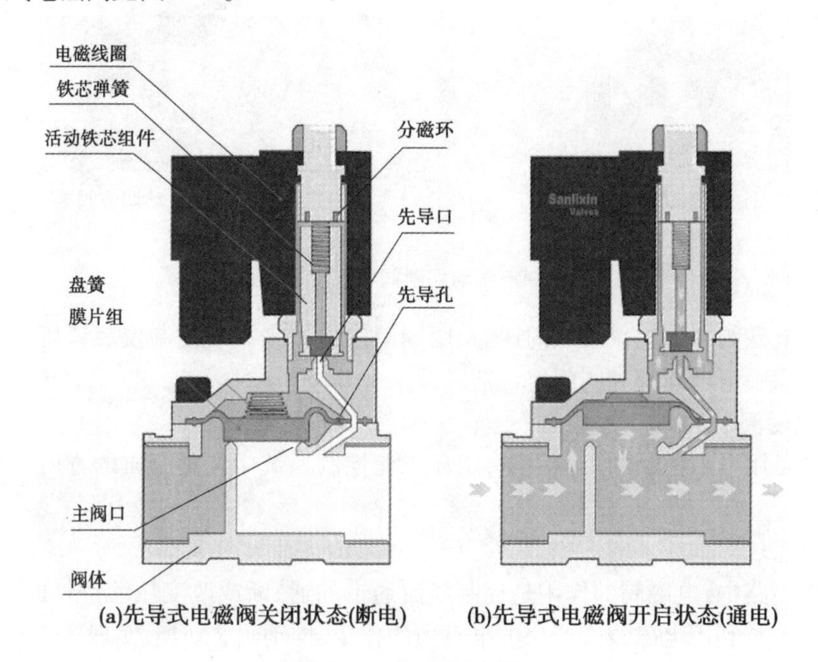

(a)先导式电磁阀关闭状态(断电)　(b)先导式电磁阀开启状态(通电)

图 16-6 先导式电磁阀

工作原理:通电时,电磁力把先导孔打开,上腔室压力迅速下降,在关闭件周围形成上低下高的压差,流体压力推动关闭件向上移动,阀门打开;断电时,弹簧力把先导孔关闭,入口压力通过旁通孔迅速进入腔室在关闭件周围形成下低上高的压差,流体压力推动关闭件向下移动,关闭阀门。

特点:流体压力范围上限较高,可任意安装(需定制),但必须满足流体压差条件。

综上所述,气动切断阀的控制原理是:控制电磁阀得电或失电—仪表风接通或切断—气动执行器控制阀门开启或关闭。

（二）阀门定位器

在实际系统中，电与气两种信号常是混合使用的，这样可以取长补短。因而有各种电/气转换器及气/电转换器把电信号(0～10 mA DC或4～20 mA DC)与气信号(0.02～0.1 MPa)进行转换，电/气转换器可以把电动变送器传来的电信号转变为气信号，送到气动调节器或气动显示仪表；也可把电动调节器的输出信号转变为气信号去驱动气动调节阀，此时常用电/气阀门定位器，它具有电/气转换器和气动阀门定位器两种作用。下面介绍一下电/气阀门定位器的结构以及工作原理(见图16-7)。

(a)电/气阀门定位器外形

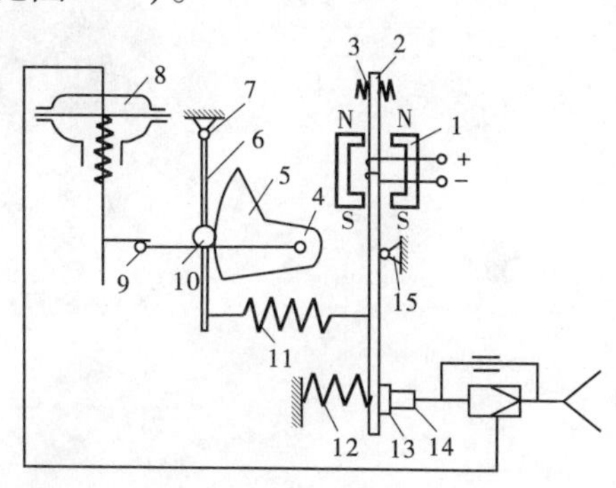

(b)电/气阀门定位器结构原理图

1—力矩马达；2—主杠杆；3—平衡弹簧；4—反馈凸轮支点；5—反馈凸轮；6—副杠杆；7—副杠杆支点；8—薄膜执行机构；9—反馈杆；10—滚轮；11—反馈弹簧；12—调零弹簧；13—挡板；14—喷嘴；15—主杠杆支点

图16-7　电/气阀门定位器

它是按力矩平衡原理工作的。当信号电流通入力矩马达1的线圈时，它与永久磁钢作用后，对主杠杆产生一个力矩，于是挡板靠近喷嘴，经放大器放大后，送入薄膜气室使推杆向下移动，并带动反馈杆绕其支点4转动，连在同一轴上的反馈凸轮也做逆时针方向转动，通过滚轮使副杠杆绕其支点偏转，拉伸反馈弹簧。当反馈弹簧对主杠杆的拉力与力矩马达作用在主杠杆上的力两者力矩平衡时，仪表达到平衡状态，此时，一定的信号电流就对应一定的阀门位置。

综上所述，气动调节阀的控制原理是：控制输出电压或电流信号(常用4～20 mA DC)，电气阀门定位器将仪表风压力转换成对应的20～100 kPa的压力信号，驱动气动调节阀执行相对应的开度。

三、气动三联件

气动三联件示意图见图16-8。

在气动技术中，将空气过滤器(F)、减压阀(R)和油雾器(L)三种气源处理元件组装在一起称为气动三联件，用以将进入气动仪表之气源净化过滤和减压至仪表供给额定的气源压力，相当于电路中的电源变压器。

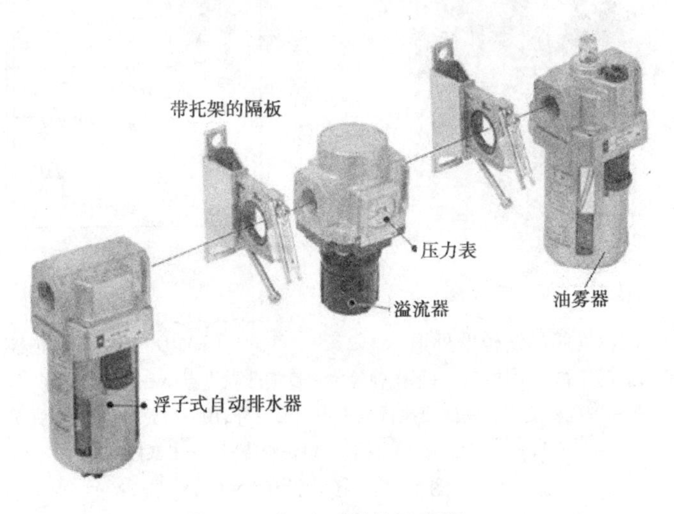

图 16-8　气动三联件示意图

四、调节机构

调节机构是气动执行器的节流元件，通过阀瓣与阀座的位置关系调节阀口的开度，改变介质的流量。

3 输气场站参数测量及自动化系统

第十七章　气液联动执行机构

气液联动执行机构适用于天然气长输管线截断阀室及进出站 ESD 紧急切断阀动力驱动单元,国内诸多燃气公司常选用 SHAFER 气液联动执行机构。气液联动执行机构主要有拨叉式和旋转叶片式,后者较为常用。

一、气液联动执行机构的结构

气液联动执行机构主要由动力气瓶系统、液压油瓶组系统、执行机构操作控制系统、电子控制单元及远传控制系统等五大部分构成。图 17-1 为长输管线截断阀室气液联动执行机构。

图 17-1　长输管线截断阀室气液联动执行机构

(一)动力气瓶系统

动力气瓶系统主要储存上下游管道动力气源,以便上游或下游停气时进行开关阀操作。

(二)液压油瓶组系统

液压油瓶组系统主要由一组液压油瓶组成储油系统,主要配合气动开阀或液动开阀。

（三）执行机构操作控制系统

执行机构操作控制系统主要由提升阀模块、手动转向阀、ESD复位按钮、手动液压泵、减压阀、过滤器及辅助引压管组成，实现就地手动、气动、远程开关阀操作及紧急事故自动关阀等功能。

（四）电子控制单元

电子控制单元主要是在长输管线被破坏时，导致管线压力下降，实现自动关闭及远程关阀操作。

（五）远传控制系统

远传控制系统主要实现站控系统进行开阀及关阀操作，便于远距离控制管线安全运行。

二、气液联动执行机构的工作原理

气液联动执行机构是操作旋转叶片液压执行器，驱动球阀旋转实现开关操作，动力气是管道中高压气体，天然气通过取压管进入气路模块形成动力气。可根据天然气的压降速率快速实现阀门的开关。

三、气液联动执行机构的主要部件示意图

气液联动执行机构外观图见图17-2。

图17-2　气液联动执行机构外观图

气液联动执行机构操作箱内部实物图如图17-3所示。

气液联动执行机构摆缸内部结构图如图17-4所示。

气液联动执行机构提升阀结构图如图17-5所示。

气液联动执行机构手动液压系统图如图17-6所示。

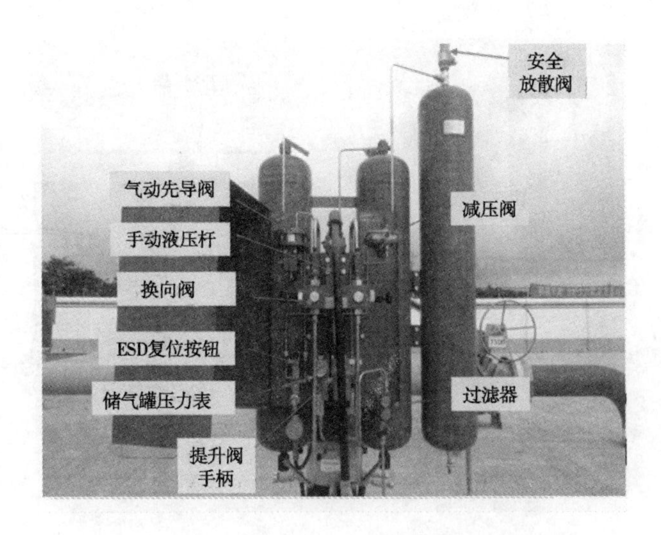

图 17-3　气液联动执行机构操作箱内部实物图

图 17-4　气液联动执行机构摆缸内部结构图

四、气液联动执行机构的操作

17-1　shafer 气液联动执行机构工作原理
（引用中国石化对 shafer 气液联动执行机构结构原理的视频介绍）

（一）就地气动开/关阀操作

1. 开阀操作

拉开提升阀模块上的开阀手柄，持续地拉住手柄直到执行器驱动阀门达到全开的位置时，松开手柄。

2. 关阀操作

拉开提升阀模块上的关阀手柄，持续地拉住手柄直到执行器驱动阀门达到全关的位置时，松开手柄。

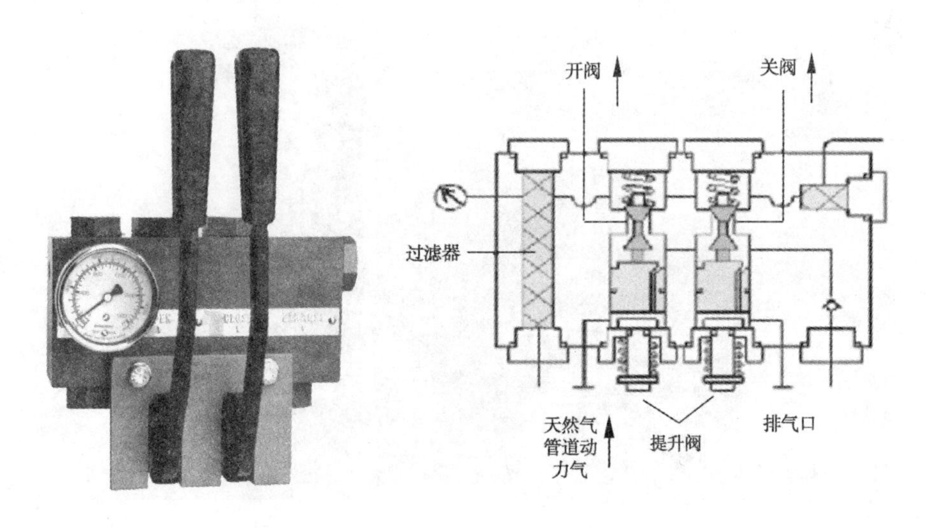

图 17-5　气液联动执行机构提升阀结构图

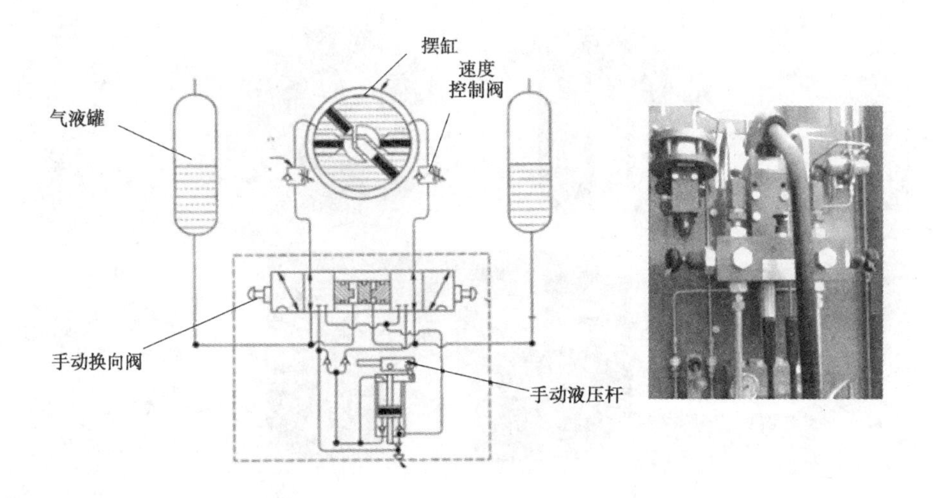

图 17-6　气液联动执行机构液压油系统图

图 17-7 为气液联动执行机构提升阀操作手柄。

(二)就地手动液压泵开/关阀操作

1. 开阀操作

确认关阀按钮处于拉出状态,按下开阀按钮,向上抬举液压杆,向下推压液压杆,重复动作,直至完成开阀动作。

2. 关阀操作

确认开阀按钮处于拉出状态,按下关阀按钮,向上抬举液压杆,向下推压液压杆,重复动作,直至完成关阀动作。

图 17-8 为气液联动执行机构手动液压系统。

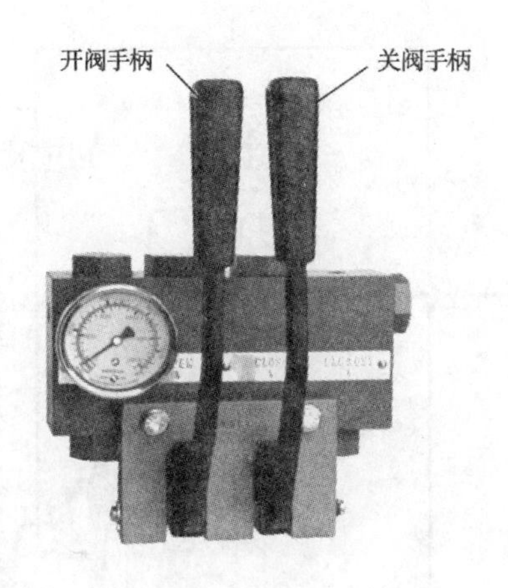

图 17-7　气液联动执行机构提升阀操作手柄

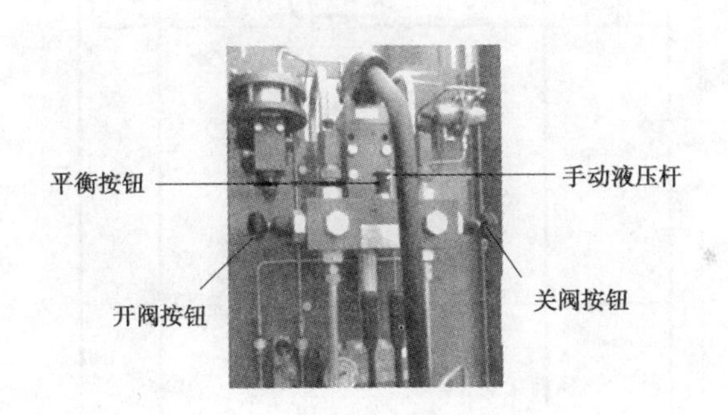

图 17-8　气液联动执行机构手动液压系统

（三）远程开/关阀操作

1. 开阀操作

由站控室 SCADA 系统给就地气液联动执行机构开阀信号，电磁阀开启，气路导通，阀门打开。

2. 关阀操作

由站控室 SCADA 系统给就地气液联动执行机构关阀信号，电磁阀开启，气路导通，阀门关闭。

图 17-9 为气液联动执行机构站控远传图。

（四）电子爆管保护功能

气液联动阀分别设定了一个上限压力和一个下限压力，并规定了一个压降速率，当压力超过上限或低于下限时，气液联动阀自动关闭。如果管道破裂导致天然气大量泄漏，当检测到的压降速率超过所给定的压降速率时，气液联动阀会自动关闭。图 17-10 为气液联动执行机构 ESD 紧急控制图。

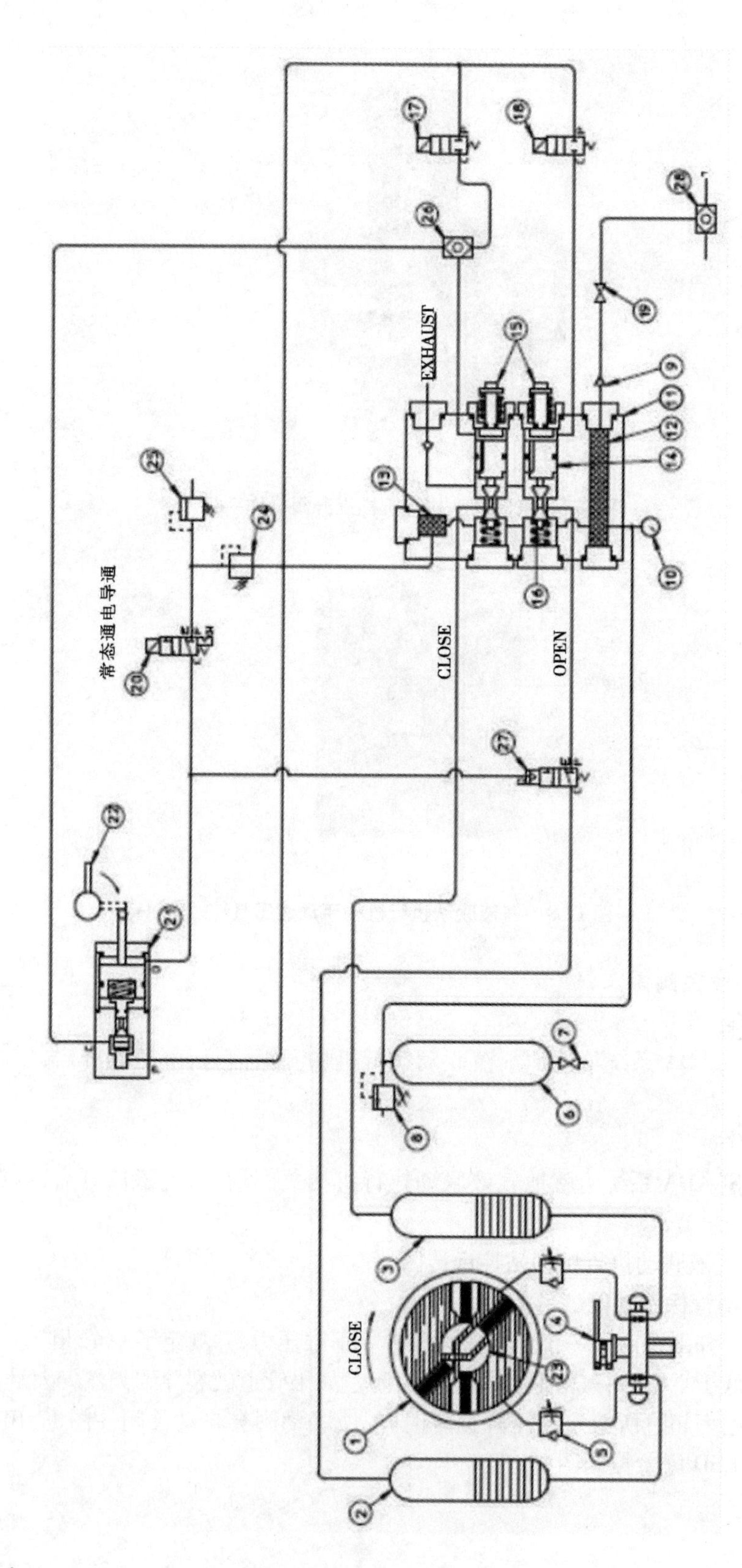

图 17-9　气液联动执行机构站控远传图

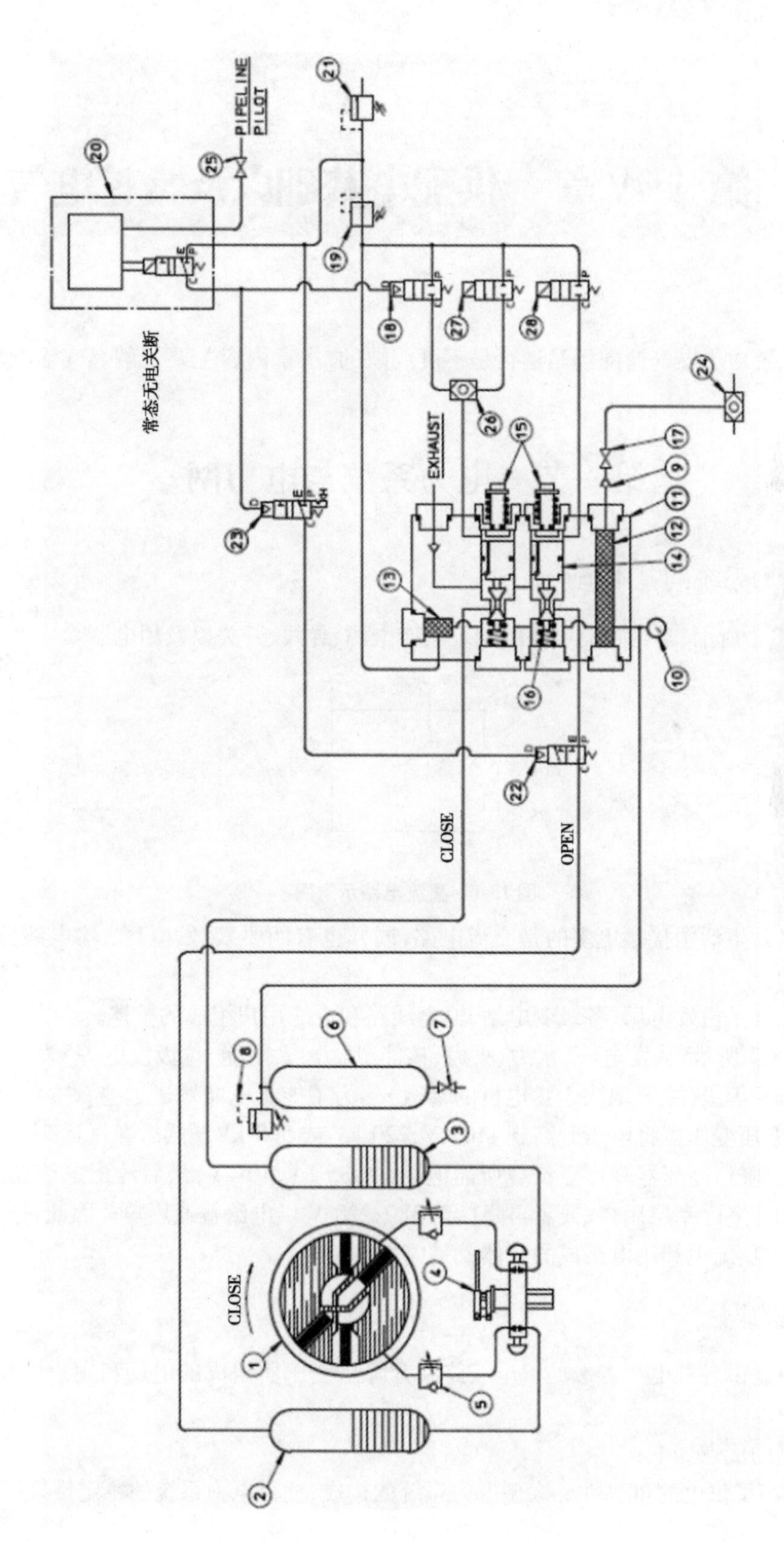

图 17-10　气液联动执行机构 ESD 紧急控制图

4 供配电系统

第十八章　供配电基础以及常见电气设备

电力系统对于燃气输配场站运行是不可或缺的，本章内容主要了解燃气输配场站的供配电系统。

第一节　电力系统与电力网

一、电力系统的基本概念

如图 18-1 所示，常见直流电路的四要素有电源、导线、开关以及用电器。

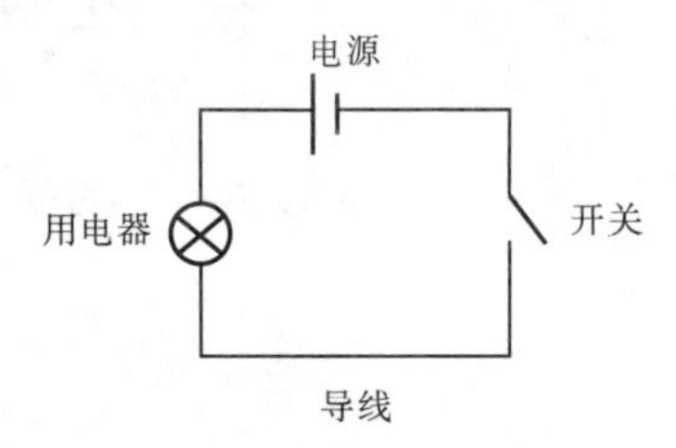

图 18-1　直流电路示意图

我们日常生活中接触更多的是交流电路，同样也有四要素：发电厂、输电线路、变电站以及用户。

电力系统是由发电厂、各级变电站、输电线路和电能用户组成的整体。

如图 18-2 所示，从发电厂（水力、火力、核能、风力、太阳能、垃圾发电等）发出的电压一般为 10 kV 等级（主要取决于发电机的参数）。为了能将电能输送远些，并减少输电损耗，需通过升压变压器将电压升高到 110 kV、220 kV 或 500 kV。然后经过远距离高压输送后，再经过降压变压器降压至负载所需电量，如 35 kV、10 kV，最后经配电线路分配到用电单位和住宅区基层用户，或者再降压至 380/220 V 供电给普通用户。因此，这个由发电、送电、变电、配电和用电组成的整体就是电力系统。

二、电力网

电力网是由各种电压等级的输电线路和升降压变压器组成的电厂和用户的桥梁，如图 18-3 所示。

电力网的优点如下：

(1)提高了供电的可靠性。大型电力系统的构成，使得电力系统的稳定性提高，同时

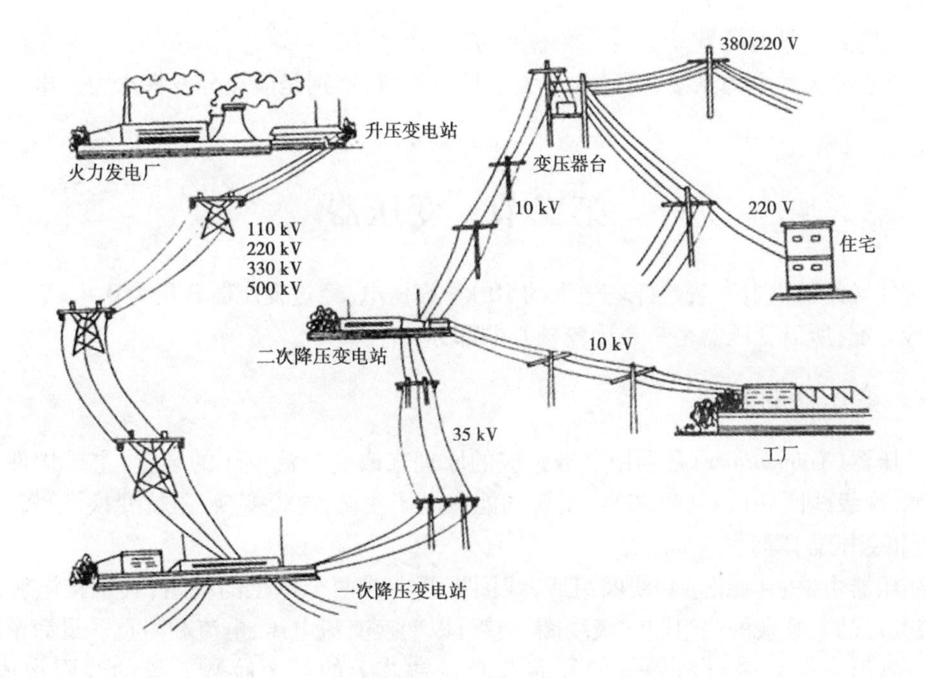

图 18-2　电力系统示意图

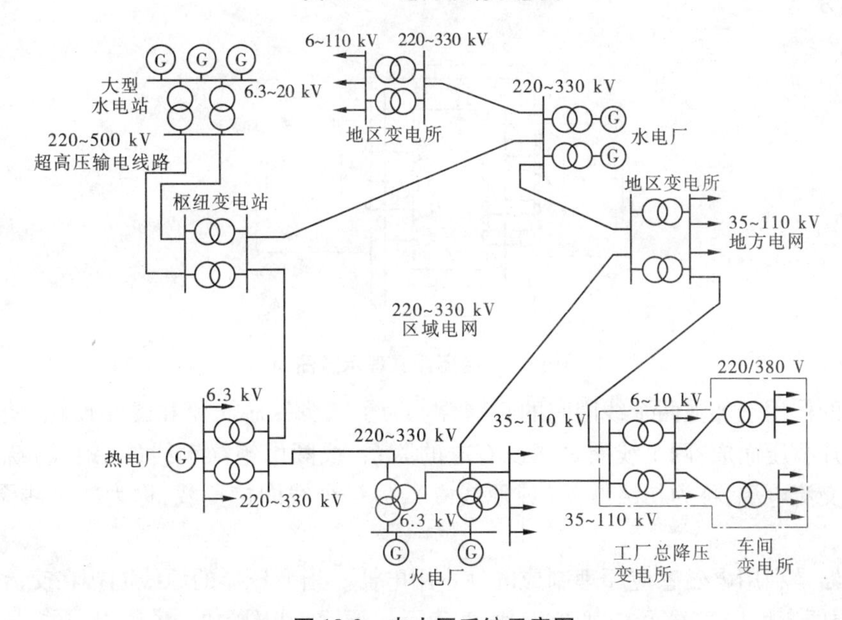

图 18-3　电力网系统示意图

对用户供电的可靠程度相应提高了,特别是构成了环网,对重要用户的供电就有了保证。当系统中某局部设备故障或某部分线路检修时,可以通过变更电力网的运行方式,对用户连续供电,以减少由于停电造成的损失。

(2)减少了系统的备用容量,使电力系统的运行具备灵活性。各地区可以通过电力网互相支援,为保证电力系统可靠运行所必需的备用机组也可大大地减少。

(3)形成电力系统,便于发展大型机组。

(4)提高了供电质量。

(5)形成大的电力系统,便于利用大型动力资源,特别是能充分发挥水力发电厂的作用。

第二节　变压器

输气场站的供电一般是杆塔送入的 10 kV 高压电,经过变压器转化为 0.4 kV 电压等级进行分配,所以变压器是一个比较核心的部分。

一、变压器的原理

变压器(Transformer)是利用电磁感应的原理来改变交流电压的装置,主要构件是初级线圈、次级线圈和铁芯(磁芯)。主要功能有电压变换、电流变换、阻抗变换、隔离、稳压(磁饱和变压器)等。

变压器由铁芯(磁芯)和线圈组成,线圈有两个或两个以上的绕组,其中接电源的绕组叫初级线圈,其余的绕组叫次级线圈。它可以变换交流电压、电流和阻抗。最简单的铁芯变压器由一个软磁材料做成的铁芯及套在铁芯上的两个匝数不等的线圈构成,如图 18-4 所示。

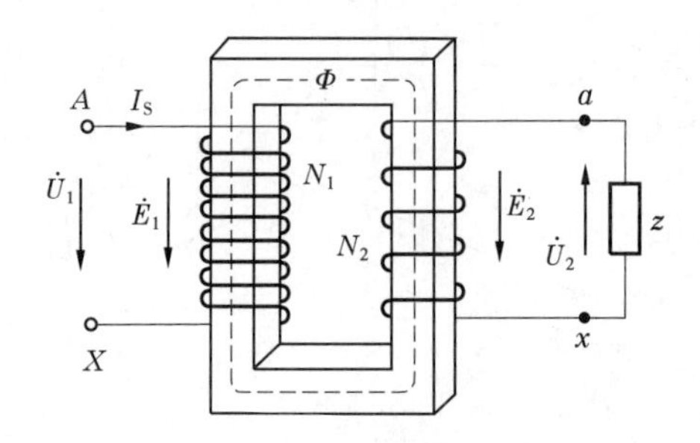

图 18-4　变压器原理示意图

铁芯的作用是加强两个线圈间的磁耦合。为了减少铁芯涡流和磁滞损耗,铁芯由涂漆的硅钢片叠压而成;两个线圈之间没有电的联系,线圈由绝缘铜线(或铝线)绕成。一个线圈接交流电源,称为初级线圈(或原线圈),另一个线圈接负载,称为次级线圈(或副线圈)。

变压器是利用电磁感应原理制成的静止用电器。当变压器的原线圈接在交流电源上时,铁芯中便产生交变磁通,交变磁通用 Φ 表示。原、副线圈中的 Φ 是相同的,式中 N_1、N_2 为原、副线圈的匝数。

得出下列公式:

$$\frac{U_1}{U_2}=\frac{N_1}{N_2}$$

即变压器原、副线圈电压有效值之比,等于其匝数比。

二、变压器的分类以及结构

（一）按相数分

（1）单相变压器：用于单相负荷和三相变压器组。

（2）三相变压器：用于三相系统的升、降电压。

（二）按冷却方式分

（1）干式变压器：依靠空气对流进行自然冷却或增加风机冷却，多用于高层建筑、高速收费站点用电及局部照明、电子线路等小容量变压器。

（2）油浸式变压器：用油作冷却介质，如油浸自冷、油浸风冷、油浸水冷、强迫油循环等。

（三）按用途分

（1）电力变压器：用于输配电系统的升、降电压。

（2）仪用变压器：如电压互感器、电流互感器，用于测量仪表和继电保护装置。

（3）试验变压器：能产生高压，对电气设备进行高压试验。

（4）特种变压器：如电炉变压器、整流变压器、调整变压器、电容式变压器、移相变压器等。

（四）单相变压器的结构

单相变压器在生活中随处可见，如手机充电器、电动车充电器等，将 AC 220 V 单相交流电变为电池所需的直流电，如电动车充电器就是将 AC 220 V 转变为 AC 12 V，再通过整流器转变为 DC 12 V 为电池充电，单相变压器的结构如图 18-5 所示。

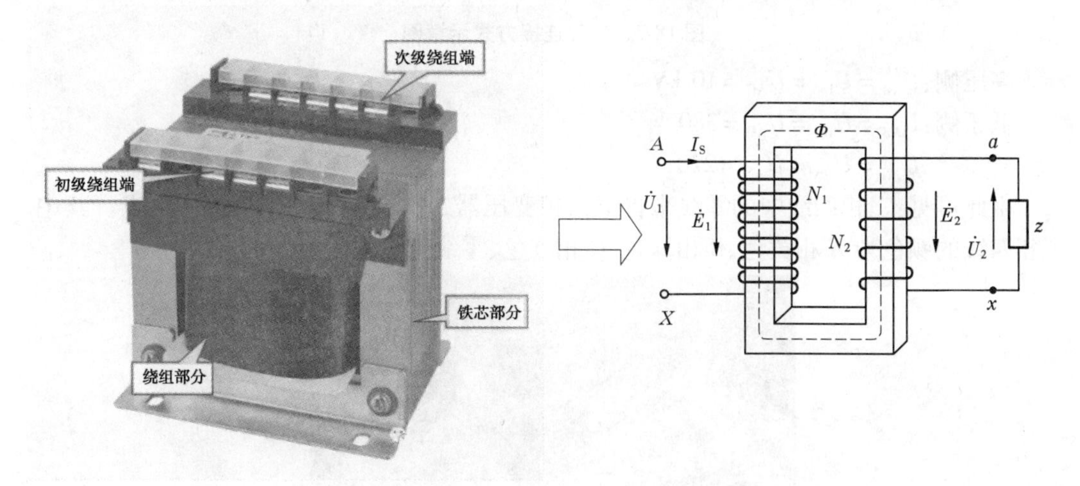

图 18-5　单相变压器的结构

（五）三相变压器结构

三相变压器的结构示意图见图 18-6。

三相变压器与单相变压器的主要区别有：

（1）绕组的数量不同。

（2）铁芯的结构不同。

(3)绕组的连接方式不同。

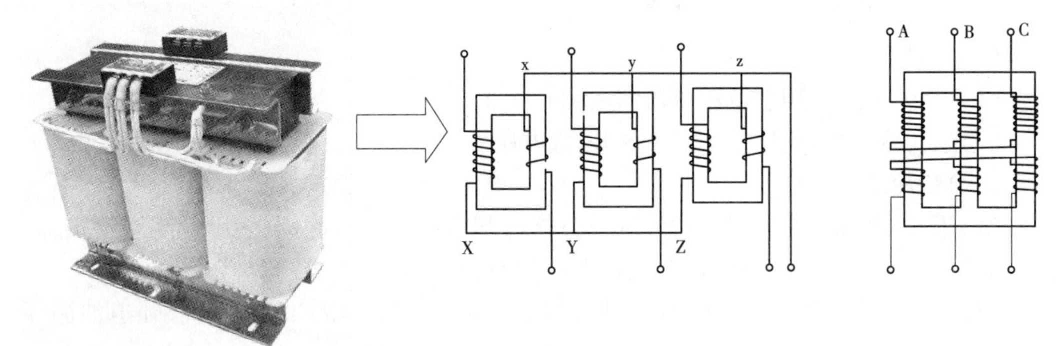

图 18-6　三相变压器的结构示意图

图 18-7 中,单相变压器只有 2 个绕组,而三相变压器有 6 个绕组,其中 3 个一次绕组,3 个二次绕组,为了使电压器的绕组形成回路,需要将变压器内部的绕组进行连接。其连接的方法主要有 Y 形连接、△形连接、Z 形连接。

现介绍常见的 Y 形连接方式(见图 18-7)。

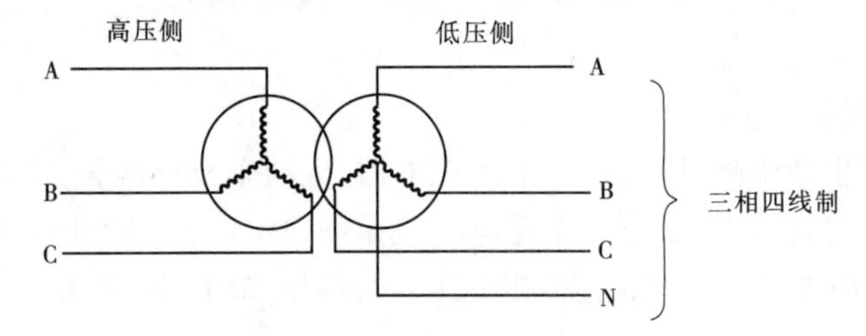

图 18-7　Y 形连接方式示意图

高压侧:$U_{AB}=U_{BC}=U_{AC}=10\ \text{kV}$

低压侧:$U_{AB}=U_{BC}=U_{AC}=380\ \text{V}$

$U_{AN}=U_{BN}=U_{AN}=220\ \text{V}$

由此可见:三相四线中的零线来自于三相变压器二次绕组末端连接的中性点。其中三相四线的颜色为 A 相黄色、B 相绿色、C 相红色、零线蓝色(见图 18-8)。

图 18-8　三相变压器示意图

第三节　低压配电以及电气设备

一、低压配电系统

现场低压配电方式常用的有三相四线制供电，"三相"指 A、B、C 三条火线；"四线"指 A、B、C、N 四条线路。如图 18-9 所示，220 V 负载一般要平分每相火线的负荷，防止供电不平衡导致变压器发热。

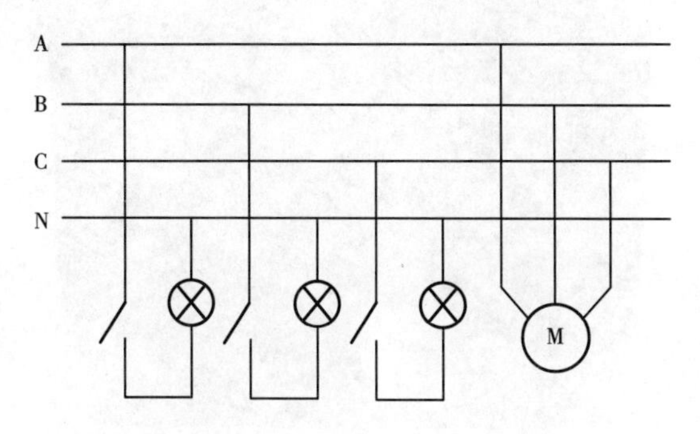

图 18-9　三相四线制供电示意图

在日常工作中，不免会因为电力系统故障导致停电，所以输气场站配电系统中有两个比较重要的电气设备：UPS（不间断供电电源）、发电机。

（一）不间断供电电源（UPS）

UPS，即不间断供电电源（见图 18-10），是利用电池化学能作为后备能量，在市电断电等电网故障时，不间断地为用户设备提供（交流）电能的一种能量转换装置。

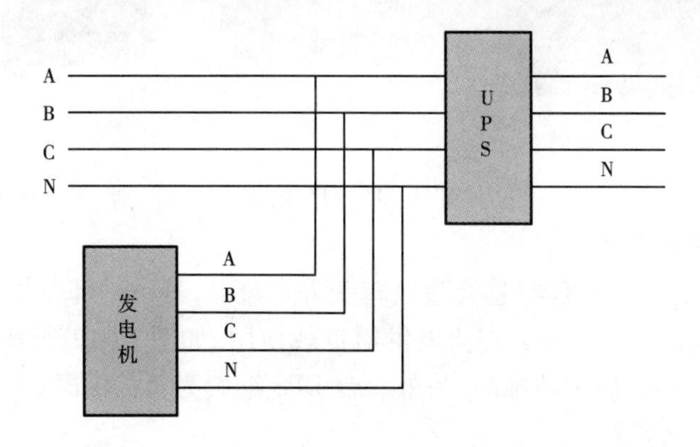

图 18-10　UPS 供电示意图

UPS 电源（见图 18-11）系统由五部分组成：工作路、旁路、电池等电源输入电路，进行 AC/DC 变换的整流器（REC），进行 DC/AC 变换的逆变器（INV），逆变和旁路输出切换电路以及蓄能电池。其系统的稳压功能通常是由整流器完成的，整流器件采用可控硅或高频开关整流器，本身具有可根据外电的变化控制输出幅度的功能，从而当外电发生变化时（该变化应满足系统要求），输出幅度基本不变的整流电压。净化功能由储能电池来完成,由于整流器对瞬时脉冲干扰不能消除,整流后的电压仍存在干扰脉冲。储能电池除可存储直流电能的功能外,对整流器来说就像接了一只大容量电容器,其等效电容量的大小与储能电池容量大小成正比。由于电容两端的电压是不能突变的,即利用了电容器对脉冲的平滑特性消除了脉冲干扰,起到了净化功能,也称为对干扰的屏蔽。频率的稳定则由变换器来完成,频率稳定度取决于变换器的振荡频率的稳定程度。为方便 UPS 的日常操作与维护,设计了系统工作开关,主机自检故障后的自动旁路开关,检修旁路开关等开关控制。

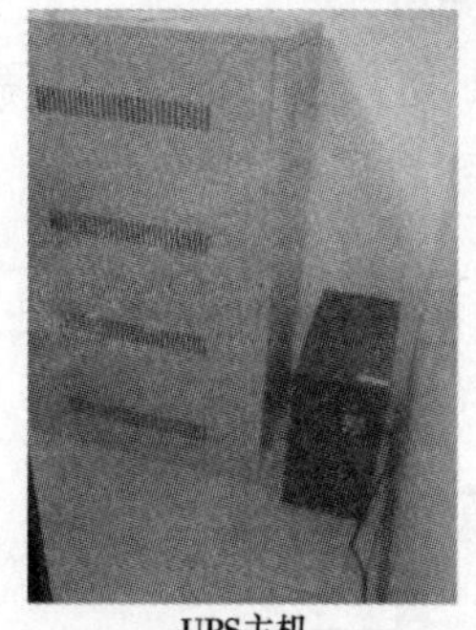

UPS主机

蓄电池

图 18-11 UPS 电源

1. 市电正常时工作模式

市电进入 UPS 主机整流器,将交流电转变为直流电,其中一部分供给电池充电,另一部分直接进入逆变器再次转变为交流电供给负载使用,如图 18-12 所示为两台 UPS 并列运行。当其中一台 UPS 出现故障时,另外一台 UPS 继续为负载供电。

2. 市电断电情况模式

当外部电网供电出现故障时,UPS 蓄电池提供直流电,经过逆变单元变为直流电供给负载使用,但是电池供电有一定的时间限制,取决于电池组的容量。

市电断电情况模式示意图见图 18-13。

3. 系统过载工作模式

UPS 的供电容量是一个比较重要的技术参数,在建站设计时,UPS 的容量选择一般比正常工作时的容量要大一些,但是由于工况的不稳定,在极少数情况下,现场设备出现过

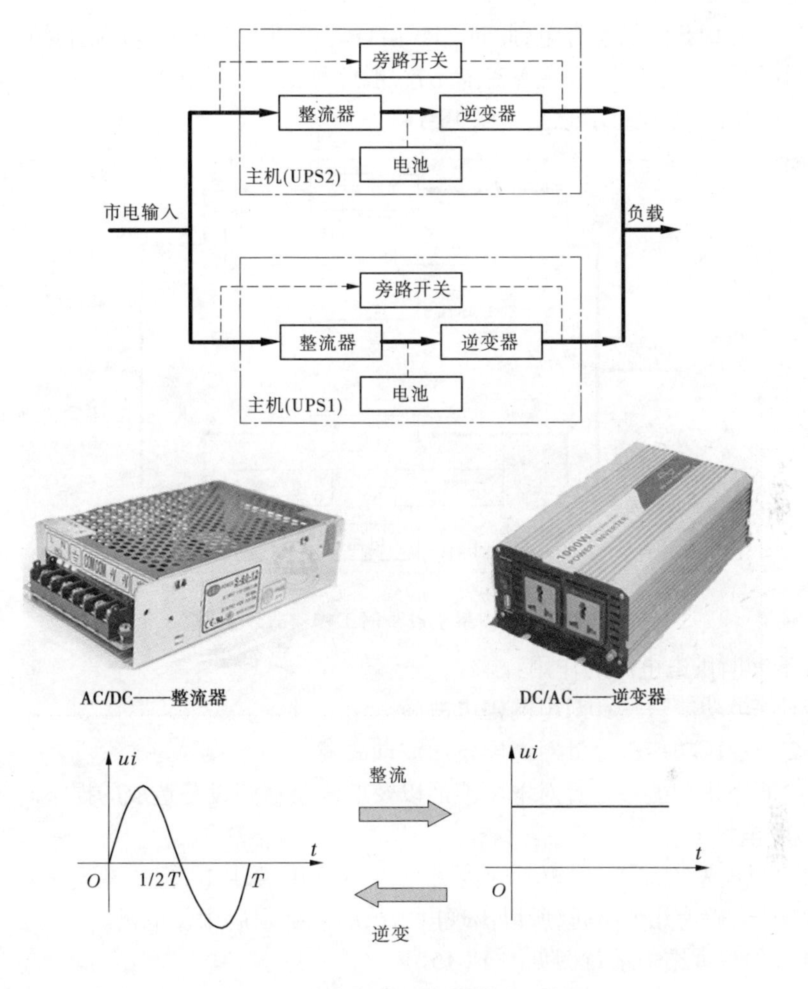

图 18-12 市电正常时工作模式示意图

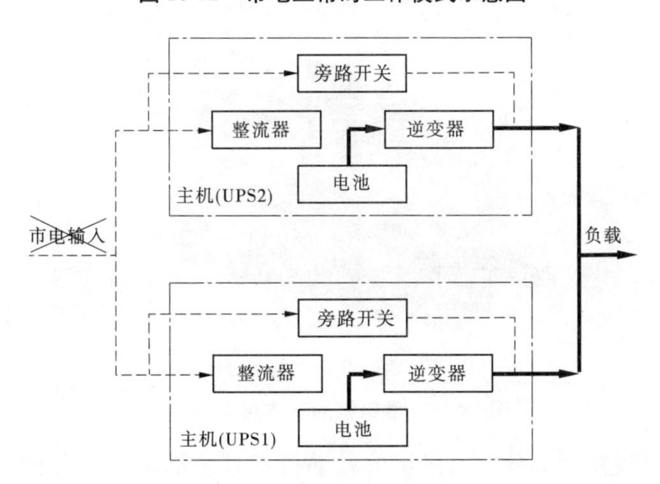

图 18-13 市电断电情况模式示意图

载现象，会超出UPS的供电容量，此时UPS会自动接通旁路开关，市电直接通过UPS的旁路直接为负载供电，不经过整流逆变单元，一般此种情况极少出现。

系统过载时工作模式示意图见图18-14。

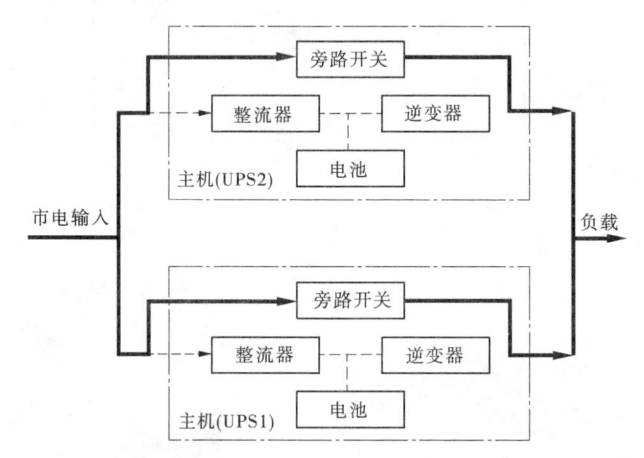

图18-14　系统过载时工作模式示意图

UPS不间断供电电源的作用：

(1)不停电功能——针对电网停电故障。

(2)交流稳压功能——针对电网电压波动故障。

(3)过滤净化功能——针对电网浪涌以及谐波对精密设备造成的损害。

(二)发电机

当市电供电发生故障时，短时间内可以由UPS电源供电，但毕竟电池的电量有一定的时间限制，一般为几个小时，所以出现电力故障后必须启用发电机。

发电机的基本结构示意图见图18-15。

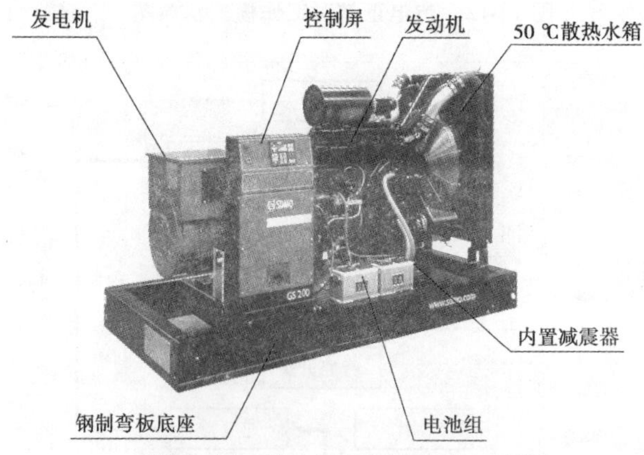

图18-15　发电机的基本结构示意图

(1)发动机。现在大部分发电机组的发动机都是柴油发动机，由发动机通过皮带带动发电机旋转进行发电。柴油发动机的工作过程其实跟汽油发动机一样，每个工作循环也经历进气、压缩、做功、排气四个行程。柴油机在进气行程中吸入的是纯空气。在压缩行程接近终了时，柴油经喷油泵将油压提高到10 MPa以上，通过喷油器喷入气缸，在很短时间内与压缩后的高温空气混合，形成可燃混合气。由于柴油机压缩比高（一般为16～22），所以压缩终了时气缸内空气压力可达3.5～4.5 MPa，同时温度高达750～1 000 K（而汽油机在此时的混合气压力为0.6～1.2 MPa，温度达600～700 K），大大超过柴油的自燃温度。因此，柴油在喷入气缸后，在很短时间内与空气混合后便立即自行发火燃烧。气缸内的气压急速上升到6～9 MPa，温度也升到2 000～2 500 K。在高压气体推动下，活塞向下运动并带动曲轴旋转而做功，废气同样经排气管排入大气中，即

进气冲程→压缩冲程→膨胀冲程→排气冲程

（2）发电机。由发动机旋转，驱动发电机旋转，转子绕组切割磁感线产生感应电流，将电能输出。

（3）控制屏。监控并显示发动机以及发电机等设备的工作状态，如发动机的转速、油压、油温，冷却风机的温度，发电机的发出电能的电压、频率等参数。

（4）电池组。通过电池组提供电能，启动发动机旋转。

（5）散热水箱。冷却发动机循环冷却液的温度，使发动机在正常的温度条件下持续工作。

（6）底座以及减震器。发动机以及发电机在旋转的过程中，会发生轻微的震动，通过减震器使设备达到一个动态平衡，使发电机组的位置在运行的过程中不发生位移。

二、电动机

在加气站运行中，最常用的电机为三相异步电机，主要应用在低温潜液泵以及仪表空气系统中。

电动机的功能就是将电能转化为机械能，但是在实际工作过程中，它的能量转换过程是由电能先转化为磁能，再由磁能转化为电能，接下来我们先了解一下电动机的基本结构。

图18-16　电动机示意图

图18-16为电动机示意图。

（一）三相异步电机的基本结构

图18-17为三相异步电机的基本结构示意图。

三相异步电机主要有定子、转子以及外壳构成。

定子由定子铁芯以及定子绕组组成。

转子由转子铁芯以及转子绕组组成。

外壳包括前后端盖、机座、风扇以及风罩、出线盒、吊环。

1. 定子结构

1）定子铁芯（见图18-18）

定子铁芯是由硅钢片叠加而成的。采用硅钢材料主要是因为硅钢本身是一种导磁能力很强的磁性物质，在通电线圈中，它可以产生较大的磁感应强度，实际情况下，电动机在交流状态下工作时，其功率不仅损耗在线圈的电阻上，也损耗在交变电流磁化下的铁芯

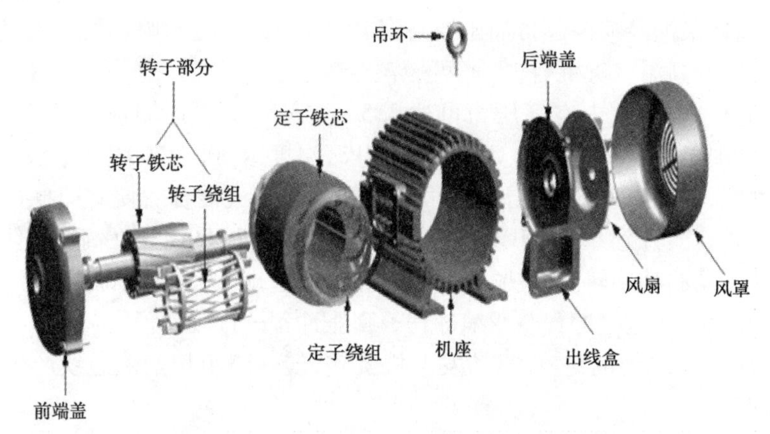

图 18-17 三相异步电机的基本结构示意图

中。通常把铁芯中的功率损耗叫铁损,铁损由两个原因造成,一个是磁滞损耗,一个是涡流损耗。磁滞损耗是铁芯在磁化过程中,由于存在磁滞现象而产生的铁损,这种损耗的大小与材料的磁滞回线所包围的面积大小成正比。硅钢的磁滞回线狭小,用它做电气设备的铁芯磁滞损耗较小,可使其发热程度大幅降低。用硅钢片做铁芯,是因为片状铁芯可以减小另外一种铁损——涡流损耗。电动机在工作时,线圈中有交变电流,它产生的磁通也是交变的。这个变化的磁通在铁芯中产生感应电流。铁芯中产生的感应电流,在垂直于磁通方向的平面内环流着,所以叫涡流。涡流损耗同样使铁芯发热。为了减小涡流损耗,电机定子的铁芯用彼此绝缘的硅钢片叠成,使涡流在狭长形的回路中,通过较小的截面,以增大涡流通路上的电阻;同时,硅钢中的硅使材料的电阻率增大,也起到减小涡流的作用。

图 18-18 定子铁芯示意图

2)定子绕组(见图 18-19)

定子绕组通常也叫漆包线,漆包线是绕组线的一个主要品种,由导体和绝缘层两部分组成,铜制裸线经退火软化后,再经过多次涂漆,烘焙而成。具备机械性能、化学性能、电性能、热性能四大性能。如图 18-19 所示将漆包线绕成线匝按照一定的顺序镶嵌在定子铁芯内部,就构成了一个完整的定子铁芯。

2. 转子结构

在三相异步电机当中,常见的转子有鼠笼式和绕线式两种结构。

1)鼠笼式转子(见图 18-20)

鼠笼式异步电动机的转子绕组不是由绝缘导线绕制而成的,而是由铝条或铜条与短路环焊接而成或铸造而成的。

鼠笼式异步电动机的转子绕组因其形状像鼠笼而得名,它的结构是以嵌入线槽中的铜条为导体,铜条的两端用短路环焊接起来。中小型鼠笼式异步电动机采用较便宜的铝替代铜,将转子导体、短路环和风扇等铸成一体,成为铸铝鼠笼式转子。

图 18-19　定子绕组示意图

图 18-20　鼠笼式转子示意图

2)绕线式转子(见图 18-21)

绕线式转子的绕组和定子绕组相似,三相绕组连接成星形,三根端线连接到装在转轴上的三个铜滑环上,通过一组电刷与外电路相连接。

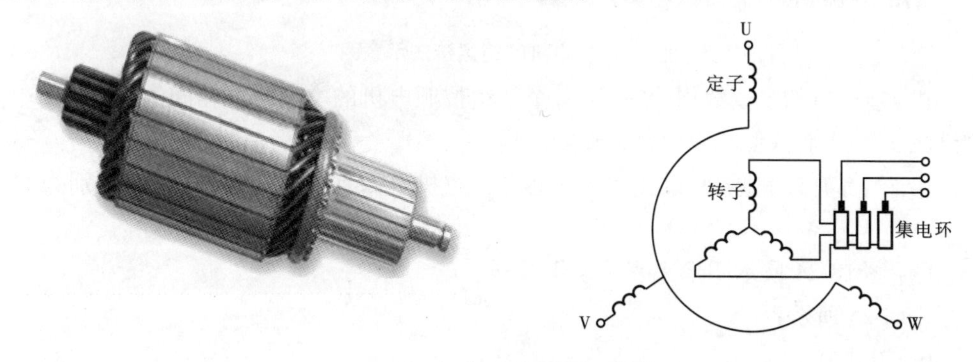

图 18-21　绕线式转子示意图

在集电环处加入可调电阻就可以控制电机的转速，常用于大功率电机设备。图18-22为可调电阻与集电环连接示意图。

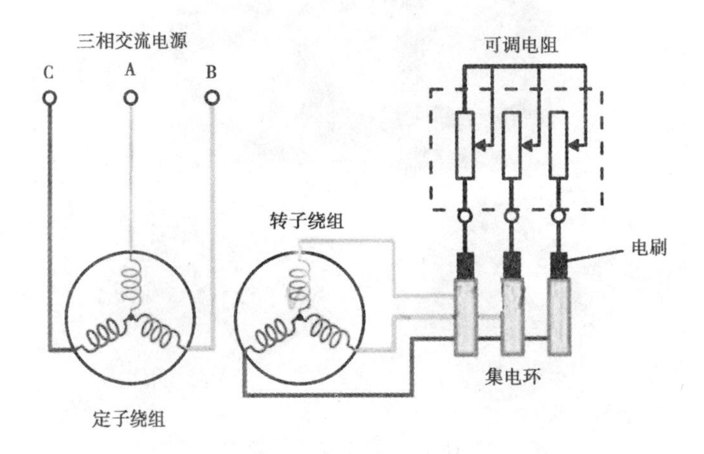

图18-22　可调电阻与集电环连接示意图

(二)三相异步电机的工作原理

当定子绕组通入三相交流电时，定子内部就会产生一个旋转磁场。转子处在定子产生的旋转磁场中，相对运动切割磁感线，在转子绕组中产生感应电流，绕组中产生的感应电流受到磁场力的作用，使转子产生转动力矩，转子转动。这里可以得出电机旋转的条件是：转子的转速不能与定子产生的旋转磁场的转速相同，相同了则不会相对切割磁感线，我们把这种电机的运行方式称为“异步”。

电机的绕组接法以及启动方式(见图18-23)

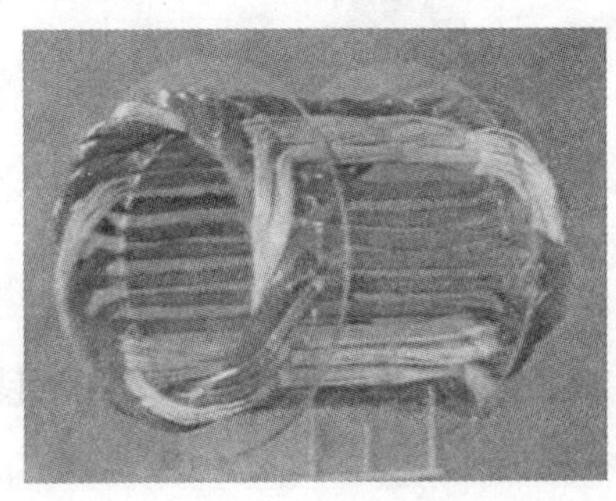

图18-23　电机的绕组接法示意图

三相异步电机的定子绕组为三个，每个绕组按照电机的类型绕成相同的匝数，均匀镶嵌在定子当中，才能具备产生匀速旋转的磁场。

每相绕组都有首和尾，所以我们经常会看到电机上面有六个接线柱，标号分别为 U_1、U_2、V_1、V_2、W_1、W_2。

这里用图18-24所示图形来表示绕组线圈。

如图18-25所示：

A相交流电接入 U_1 接线柱。

B相交流电接入 V_1 接线柱。

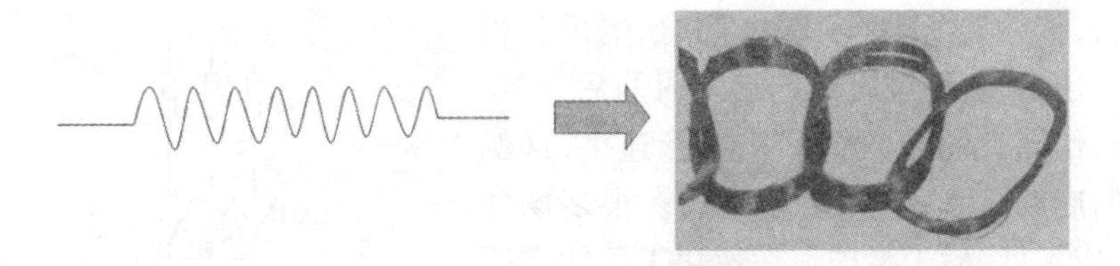

图 18-24　绕组线圈

C 相交流电接入 W_1 接线柱。

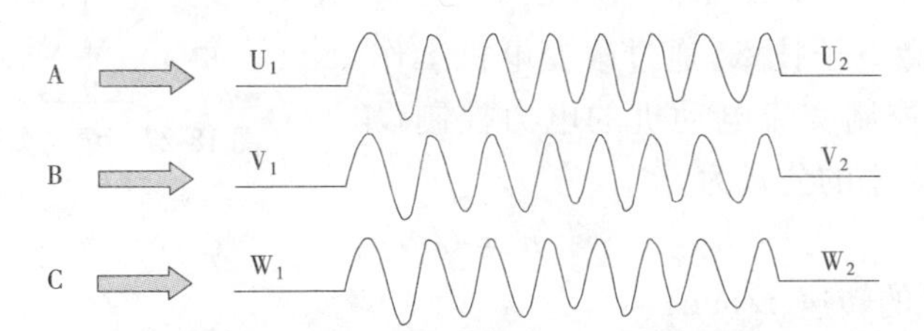

图 18-25　电机的绕组接法示意图

我们发现，电流在绕组之间形不成回路，所以无法形成旋转磁场，电机无法运行，所以我们对电机的绕组必须采用一定方法的连接，这样电机才可以正常工作，电机绕组的主要接法有 Y 形接法与△形接法两种（见图 18-26）。

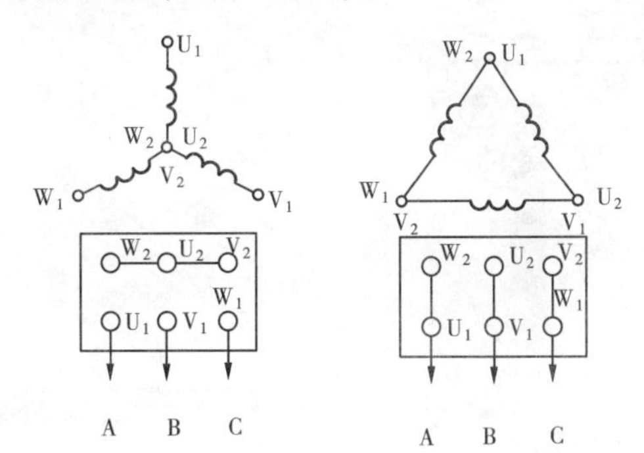

图 18-26　电机的绕组 Y 形接法与△形接法示意图

1. 电机的绕组接法

Y 形接法：单相绕组电压为 220 V，具有启动电流小、转矩较小的特点，常用于额定功率小于 15 kW 的电机。

△形接法：单相绕组电压为 380 V，具有启动电流大、转矩大的特点，常用于额定功率大于 15 kW 的电机。

2. 电机的启动方式

1）星三角启动

大功率电机在启动的瞬间，启动电流一般为正常工作电流的 4 ~ 7 倍，所以在很多设备中电机的启动一般采用星三角法启动（见图 18-27），既有启动电流小的优点，也具备转矩大的优点。电机在启动时，绕组连接方式为 Y 形，在运行一段时间后切换为△形连接，在线路上主要通过时间继电器以及三个交流接触器进行绕组切换。

启动时,接触器 KM1 与 KM2 闭合,电机三相绕组为星形连接,在经过设定的启动时间后,KM2 断开,KM3 闭合,此时电机绕组为△形连接,这就是星三角的启动过程,这种启动方式在很多场合都在应用,成本低,易于维护。在液化工厂的空压制氮系统的压缩机部分,应用得非常广泛。

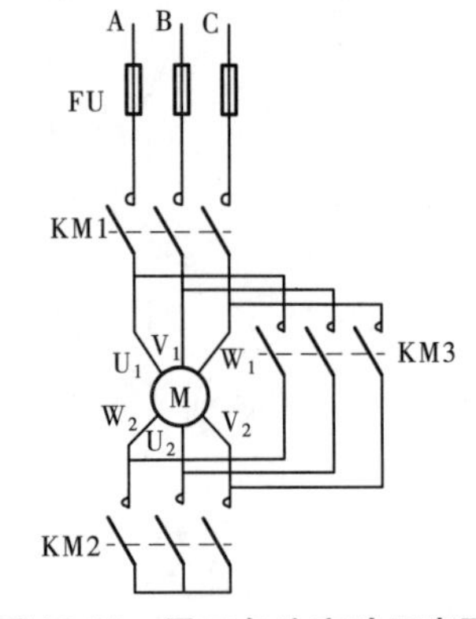

图 18-27　星三角法启动示意图

2) 变频器启动

变频器(Variable - Frequency Drive, VFD)是应用变频技术与微电子技术,通过改变电机工作电源频率方式来控制交流电动机的电力控制设备。电机转速与频率的公式为

$$n = 60f/p$$

式中　n——电机的转速,r/min;

f——电源频率,Hz;

p——电机的极对数(电机制造时已定)。

利用变频器也可以实现电机的平缓启动(软启动)(见图 18-28),我国电网交流电的频率为 50 Hz,变频器可以通过改变进入电机交流电的频率来调节转速。

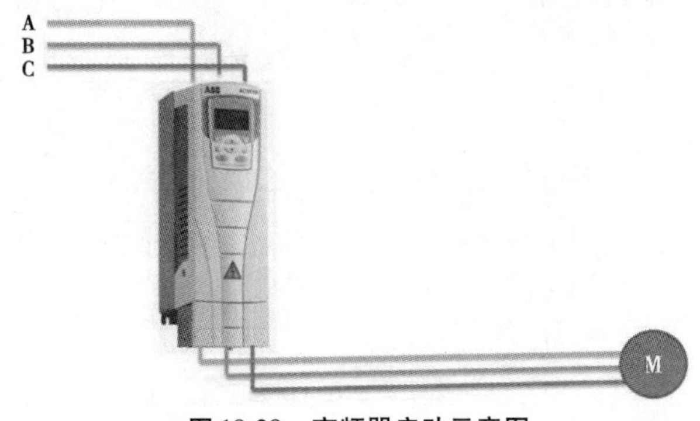

图 18-28　变频器启动示意图

如设置最低频率为 0 Hz,最高频率为 50 Hz,频率上升时间为 20 s,这样电机运行时转速由 0 到正常转速为 20 s。

3) 软启动器启动

软启动器是一种集软启动、软停车、轻载节能和多功能保护于一体的电机控制装备(见图 18-29),既可实现在整个启动过程中无冲击而平滑地启动电机,而且可根据电动机负载的特性来调节启动过程中的各种参数,如限流值、启动时间等。软启动器采用三相反并联晶闸管作为调压器,将其接入电源和电动机定子之间。这种电路如三相全控桥式整流电路。使用软启动器启动电动机时,晶闸管的输出电压逐渐增加,电动机逐渐加速,直到晶闸管全导通,电动机工作在额定电压的机械特性上,实现平滑启动,降低启动电流,避免启动过流跳闸。待电机达到额定转数时,启动过程结束,软启动器自动用旁路接触器取代已完成任务的晶闸管,为电动机正常运转提供额定电压,以降低晶闸管的热损耗,延长软启动器的使用寿命,提高其工作效率,又使电网避免了谐波污染。软启动器同时还提供软停车功能,软停车与软启动过程相反,电压逐渐降低,转数逐渐下降到零,避免自由停车引起的转矩冲击。

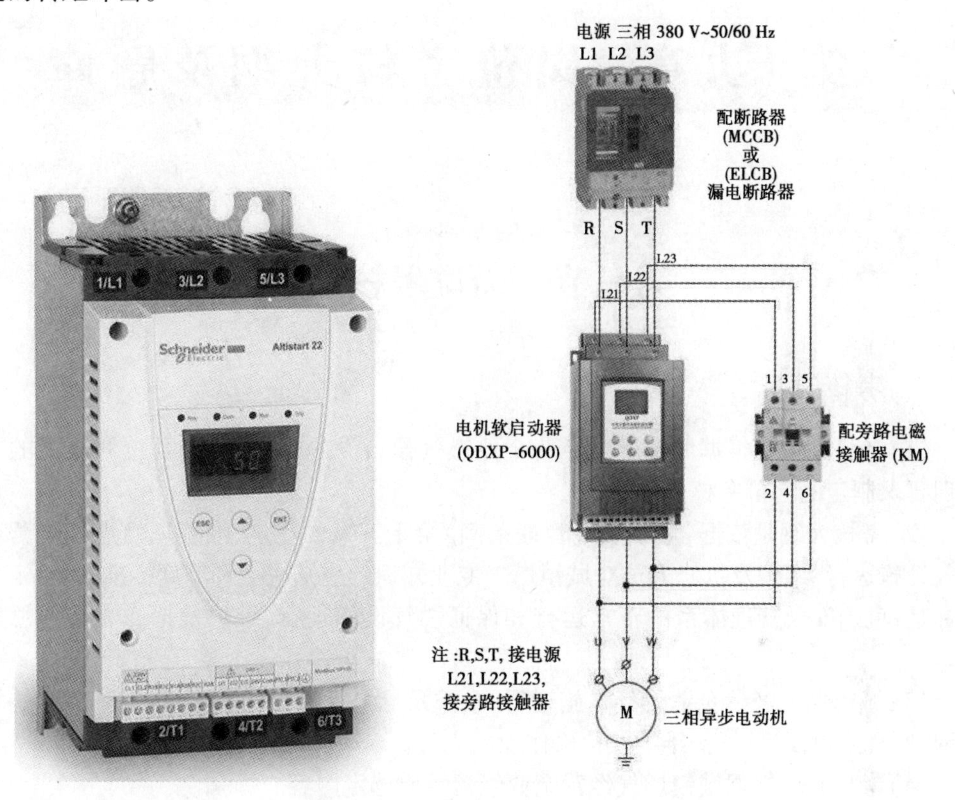

图 18-29　软启动器启动示意图

5 岗位考核解析

第十九章　岗位考核大纲及题库

第一节　岗位考核大纲

一、考核说明

(1)考核大纲是根据城镇燃气经营企业燃气设备设施运行、维护及抢修人员的专业培训要求制定的岗位考核内容。

(2)考核大纲是依据《城镇燃气管理条例》第十五条的规定,明确城镇燃气经营企业燃气设施运行、维护及抢修人员对城镇燃气专业知识的应知应会和难度标准,以确定大纲目标是:巩固安全管理体系的正常运行和保证燃气设施运行、维护及抢修人员的总体素质。

(3)城镇燃气经营企业燃气设施运行、维护及抢修人员是指从事城镇燃气场站、燃气管网、燃气用户设施运行、维护及抢修作业的人员。

(4)考核时可根据城镇燃气经营企业经营性质选定内容。

(5)城镇燃气经营企业燃气设施运行、维护及抢修人员应具有高中或中专以上学历和一定的生产经验。

二、考核目的

考查城镇燃气经营企业燃气设施运行、维护及抢修人员的安全生产专业知识和专业技能,达到规范从业人员的行为、增强企业安全管理的系统性和有效性、提高城镇燃气企业安全运行管理水平的目的。

三、燃气输配场站工考核内容及要求

(1)燃气输配场站的典型工艺流程、主要设备及运行参数。

(2)燃气输配场站设备的运行维护及操作。

(3)燃气输配场站的应急处理。

四、燃气输配场站工的应知应会

(一)应知

(1)燃气的性质及气质要求。

(2)输气系统工艺及对各类场站的认识。
(3)对各类阀门的内部结构、适用特点及执行机构的认识。
(4)分离器、过滤器的分离过滤过程及原理。
(5)调压器的调压结构原理及故障分析。
(6)场站加热设备的原理及日常操作。
(7)常用清管器的类型及通球扫线过程中常出现的故障分析。
(8)压缩机的增压过程及故障分析。
(9)常用流量计原理及故障分析。
(10)输气场站安全生产操作规程及安全生产运行流程。
(11)场站输差计量。
(12)阴极保护技术原理。
(13)加臭技术工艺及加臭量计算。
(14)常用压力表、温度计及液位计的测量原理。

(二)应会

(1)对管路阀门进行更换操作及阀门密封垫片更换操作。
(2)对分离除尘设备进行启用、流程切换、排污等操作。
(3)对调压器进行压力设定操作及对调压器进行故障处理操作。
(4)进行通球扫线工艺流程操作。
(5)对流量计进行日常维护保养及操作。
(6)填写运行报表。
(7)进行加臭工艺操作。

第二节　题库及答案

一、题库

(一)单项选择题

1~50 题

1. 调压器的阀芯按规定(　　)进行维护保养，保证其性能可靠。
A. 每周　B. 每季度　C. 每月　D. 每半年
2. 调压阀的压力损失是衡量流体在经过(　　)后的压降情况。
A. 取压装置　B. 法兰　C. 调压阀　D. 节流件
3. 球阀垂直安装于水平管路上，执行机构应在阀的(　　)。
A. 下方　B. 上方　C. 水平方向　D. 任意方向
4. 球阀用(　　)进行试压。
A. 氧气　B. 二氧化碳气体　C. 天然气　D. 水
5. 用于干线切断的球阀进行开关球阀操作时，要(　　)完成，以免球阀前后形成较大压差。
A. 要中途停顿　B. 缓慢

C. 尽快　　D. 开几圈,停顿一下

6. 罗托克驱动器带手轮和减速装置,并附有(　　),充有润滑油。

A. 变送器　　B. 离合器　　C. 启动器　　D. 显示屏

7. 目前气液联动机构(　　)有转动叶片式和活塞式两种。

A. 驱动器　　B. 离合器　　C. 变送器　　D. 控制器

8. 气液联动执行机构有单液缸式和双液缸式,采用(　　)机构。

A. 滚子滑动块　　B. 活塞环　　C. 拨叉　　D. 拨叉滚子滑动块

9. 气液联动装置由天然气挤压工作液进入工作缸,推动(　　),带动球阀主轴实现开关。

A. 阀瓣　　B. 闸板　　C. 活塞　　D. 阀杆

10. 当管线发生破裂、爆管时,(　　)在延时时间内连续超过气液联动机构自动紧急截断系统所设定值,经控制系统调节,气液压罐进气,使阀门关闭。

A. 天然气压力　　B. 压降速率　　C. 油液压力　　D. 天然气流速

11. 干线球阀正常运行时,球阀气液联动驱动装置进气阀处于(　　)状态。

A. 全关　　B. 全开　　C. 半开　　D. 半关

12. 多数气液联动执行机构在底部装有(　　)个排泄丝堵,拆下这些丝堵让水和污物流出。

A. 1　　B. 2　　C. 3　　D. 4

13. 根据球阀的开关要求,通过调节 SHAFER 转动叶片式驱动器上的(　　)可以调节转动叶片的转程。

A. 止动块　　B. 拨叉　　C. 滑块　　D. 导向块

14. SHAFER 转动叶片式驱动器叶片的运动形式为(　　),其动作可以直接输到球阀主轴上,而不需要行程变换机构,机构简单合理。

A. 直线运动　　B. 转动　　C. 跳动　　D. 脉动

15. 当 SHAFER 转动叶片式驱动器控制器动作时,管路压力被导入打开的气液罐中,并通过(　　)向液压流体加压,使液压流体进入执行机构入口。

A. 闸门　　B. 球形把手　　C. 手轮　　D. 手摇泵

16. 阀套式节流截止排污阀在拆卸时,应注意阀芯上的 O 形圈、阀芯底端内腔的(　　)是否损坏,若有则需更换。

A. 密封圈　　B. 四氟垫　　C. O 形圈　　D. 密封垫

17. 在拆卸旋启式止回阀时,应注意不能损坏阀瓣与阀座的(　　)。

A. O 形圈　　B. O 形垫　　C. 密封面　　D. 密封垫

18. 升降式止回阀的弹簧的(　　)降低后,会造成阀门关闭不严。

A. 拉力　　B. 弹力　　C. 应力　　D. 平衡力

19. 在安装止回阀的阀盖与阀体之前,应在阀盖与阀体之间安装(　　),保证其密封可靠。

A. 四氟带　　B. 麻绳　　C. 密封垫片　　D. 橡胶圈

20. 过滤器的金属滤芯和阀体内的污物应用(　　)冲洗干净,保证其有足够的通过能力。

A. 水　　B. 煤油　　C. 柴油　　D. 汽油

21. 过滤器滤芯堵塞时,会引起过滤器的(　　)减小。

A. 温度　　B. 通过量　　C. 压差　　D. 通过能力

22. 压力调压器首先应拆卸(　　)和装备组件。

A. 驱动头　　B. 阀盖　　C. 阀体　　D. 手轮

23. 压力调压器在拧紧压板螺栓的过程中,阀杆两侧的间隙应保持(　　)。

A. 一致　　B. 平衡　　C. 相等　　D. 相符

24. 在安装自力式压力调节器的指挥喷嘴时,对于气关式的喷嘴应(　　)安装。

A. 向上　　B. 向下　　C. 向左　　D. 向右

25. 安全泄压装置和(　　)是压力容器最普通和常用的附件。

A. 温度计　　B. 压力表　　C. 快开盲板　　D. 紧急切断阀

26. 城镇燃气压力等级划分要求最高压力不能超过(　　)。

A. 4.0 MPa　　B. 2.5 MPa　　C. 1.6 MPa　　D. 3.5 MPa

27. 压力管道的基本安全问题主要是失效问题,而主要失效原因是(　　)方面存在问题。

A. 设备制作　　B. 设备使用　　C. 运行操作和管理　　D. 设备的维护

28. 天然气的基本输送方式有(　　)。

A. 液化输送、管道输送　　B. 液化输送

C. 管道输送　　D. 以上均无

29. 超声波流量计(　　),节能效果好。

A. 压损小　　B. 无压损　　C. 压损相对较小　　D. 压损较大

30. 基于连通器原理的液位计是(　　)。

A. 差压式液位计　　B. 电容式液位计　　C. 电阻式液位计　　D. 玻璃管式液位计

31. 选用测温仪表时须先对(　　)的特点及状态进行分析后进行。

A. 物质　　B. 被测对象　　C. 材料　　D. 电源

32. 测温元件安装与工艺管道成45°时,应(　　)气流方向。

A. 平行　　B. 迎着　　C. 逆着　　D. 垂直

33. 涡轮流量计的安装要远离振动环境,避免配管振动造成应力挤压(　　)。

A. 涡轮　　B. 导流器　　C. 传感器　　D. 过滤器

34. 罗茨流量计视镜中的油位最低不得低于视镜中心线(　　)mm。

A. 1　　B. 2　　C. 3　　D. 5

35. 对脉动流,气体涡轮流量计的测量结果通常偏(　　)。

A. 高　　B. 低　　C. 强　　D. 弱

36. 新安装或修理后的管路必须进行吹扫,吹扫计量管路时,必须拆下涡轮流量计,用相应短节(　　)流量计进行吹扫。

A. 焊接　　B. 支撑　　C. 固定　　D. 代替

37. 在线硫化氢分析仪纸带必须每(　　)更换一次,这与硫化氢的浓度和需要的

响应时间有关。

A. 日　　B. 周　　C. 2 周　　D. 月

38. 一般输气管道是指敷设在平坦地区，沿线地形起伏高差在(　　)m 以内的输气管线。

A. 50　　B. 100　　C. 150　　D. 200

39. 我国目前使用的一般性输气管通过能力公式叫(　　)。

A. 威莫斯公式　　B. 潘汉德公式　　C. 牛顿公式　　D. 门捷列夫公式

40. 从一般性输气管通过能力公式可知，输气量与管径的(　　)次方成正比。

A. 16/3　　B. 3/16　　C. 8/3　　D. 3/8

41. 清管收发球筒的直径应比输气管线的公称直径大(　　)级。

A. 0.5 ~ 1　　B. 2 ~ 3　　C. 1 ~ 2　　D. 1.5 ~ 2

42. 在日常生产管理中，我们可以用(　　)来评价一条输气管线的管理质量。

A. 输差　　B. 气量　　C. 压力　　D. 温度

43. 影响输差的因素不包括(　　)。

A. 流量　　B. 压力　　C. 温度　　D. 输效

44. $Q_{入} = 50 \times 10^4\ m^3/d$，$Q_{出} = 48 \times 10^4\ m^3/d$，$Q_{存} = 1.5 \times 10^4\ m^3/d$，则输差是(　　)%。

A. 1　　B. 0.1　　C. 2　　D. 0.5

45. 环室取压装置的前环室长度应小于(　　)。

A. $0.2D$　　B. $0.5D$　　C. $0.02D$　　D. $0.05D$

46. 输气管线发生爆管时，天然气的压力(　　)，流速加快。

A. 急剧加速　　B. 急剧降低

C. 逐渐升高　　D. 逐渐降低

47. 输气管线上游发生爆管时，输气场站分离器的声音(　　)。

A. 不变　　B. 减小

C. 逐渐增大　　D. 突然增大，并伴有啸叫声

48. 输气管线上游发生爆管时，输气场站的调压阀会(　　)。

A. 继续运行　　B. 前后压差增大

C. 停止运行　　D. 阀后压力减少

49. 当管线破裂长度在(　　)以上时，需要更换管段。

A. $0.1D$　　B. $0.2D$　　C. $0.5D$　　D. $1.0D$

50. 当供气间发生微小泄漏时，操作人员应该马上(　　)。

A. 停止计量　　B. 进行堵漏处理

C. 关闭上下游阀门　　D. 撤离现场

51. 当供气间发生大量泄漏时，操作人员应该马上(　　)。

A. 断电　　B. 撤离现场

C. 关闭上下游阀门　　D. 现场处理

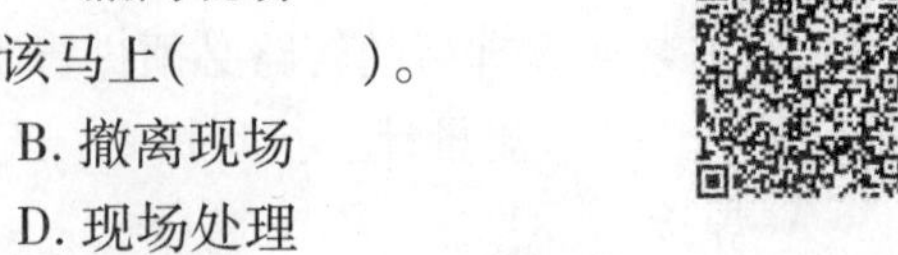

51 ~ 100 题

52. 闸阀密封填料泄漏的主要原因有阀门丝杆磨损或腐蚀、密封填料

使用太久失效、密封填料圈数不够和(　　　)。

A. 丝杆变形　　　　B. 密封填料未压紧

C. 支架变形　　　　D. 密封填料压得太紧

53. 处理闸阀密封填料泄漏的主要方法有增加密封填料、更换密封填料、均匀拧紧压盖螺栓和(　　　)。

A. 调整密封填料　　　　B. 调整压盖

C. 修理或更换丝杆　　　　D. 调整丝杆

54. 球阀开关不灵活的主要原因是(　　　)。

A. 密封圈变形　　　　B. 球体变大

C. 阀体变小　　　　D. 前后压差为零

55. 工艺流程图图例中，下面符号表示的是(　　　)。

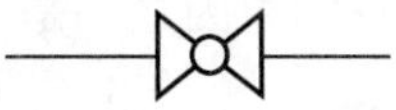

A. 节流阀　　B. 安全阀　　C. 球阀　　D. 平板阀

56. 蝶阀阀体与阀盖之间漏气的主要原因是(　　　)。

A. 阀体与阀盖间密封垫片损坏或阀盖螺栓未拧紧

B. 阀杆与填料之间的间隙过大

C. 阀杆变形或损伤

D. 手轮变形

57. 蝶阀阀杆填料漏气的主要原因是(　　　)。

A. 压盖法兰螺帽太松　　　　B. 填料受损

C. 填料压得太紧　　　　D. 压盖法兰螺帽太松、填料受损

58. 止回阀阀体与阀盖之间漏气的主要原因是(　　　)。

A. 阀体与阀盖间密封垫片损坏或阀盖螺栓未拧紧

B. 阀体与填料之间的间隙过大

C. 阀杆变形或损伤

D. 手轮变形

59. 升降式止回阀阀腔内的弹簧选择过大会造成(　　　)。

A. 介质双向流动　　　　B. 介质通道不能打开

C. 介质通道不能关闭　　　　D. 介质流向改变

60. 自力式压力调节器阀后压力周期性波动是由于(　　　)。

A. 指挥器太大　　　　B. 指挥器弹簧太软

C. 指挥器弹簧太长　　　　D. 指挥器弹簧太硬

61. 调压器阀后压力下降的主要原因是(　　　)。

A. 阀后压力调整不正确　　　　B. 阀口结冰、无上游压力

C. 阀口被污物堵塞　　　　D. A、B、C 都正确

62. 调节器工作不正常的原因之一是膜片固定器发生磨损，其处理的方法是(　　　)。

A. 将轴对准　　B. 更换
C. 将孔、固定件、轴的中心对准　　D. 将孔对准

63. 先导式安全阀阀体上导压管接头漏气的原因是(　　)。
A. 螺帽太紧　　B. 螺帽太松
C. 导压管太大　　D. 导压管太小

64. 先导式安全阀阀体与阀盖间漏气的主要原因之一是(　　)。
A. 阀体与阀盖错位　　B. 阀体变形
C. 螺栓螺帽未拧紧　　D. 螺栓螺帽未拧到位

65. 安全切断阀切断压力不对的原因是弹簧压力设定不正确和(　　)。
A. 调节弹簧断裂　　B. 导阀膜片破裂
C. 锁扣杠杆机构摩擦　　D. A、B、C 都正确

66. 安全切断阀脱扣机构上扣困难的原因之一是(　　)。
A. 气动膜腔泄漏　　B. 气动膜腔密封损坏
C. 存在较大压差　　D. 脱扣机构外无压力

67. 牙嵌式快开盲板泄露的原因之一是(　　)。
A. 压圈不转动　　B. 头盖不灵活
C. 密封圈损坏　　D. 支架变形

68. 快开三瓣式卡箍盲板开启后,头盖下垂的处理方法是(　　)。
A. 调整转臂门枢的调节螺栓　　B. 清理腐蚀产物
C. 调整水平短节　　D. 调整开闭结构

69. 离心式分离器的进气管法兰漏气的原因有(　　)。
A. 法兰螺帽拧得太紧　　B. 法兰密封垫损坏
C. 法兰面太光滑　　D. 管内有污物

70. 超声波流量计在应用中应注意保持超声探头(　　)。
A. 清洁　　B. 密封性能　　C. 稳定性能　　D. 灵敏

71. 超声波流量计零流速读数应小于(　　)mm/s。
A. 2　　B. 5　　C. 10　　D. 12

72. 紧邻超声波流量计的上游直管段为(　　)D,下游直管段为 $5D$。
A. 10　　B. 15　　C. 5　　D. 12

73. 当管线爆裂需要更换管段,切割隔离球孔时,可能出现负压切割或正压切割。在出现负压切割时,应该(　　)。
A. 立即停止切割
B. 连续不停地切割完毕,立即用石棉之类的灭火物品盖住切口
C. 停止切割并关闭放空阀
D. 连续不停地切割完毕,立即用石棉之类的灭火物品盖住切口,并关闭放空阀

74. 在清管作业中,由于管线的变形太大,造成(　　)在变形处堵塞。
A. 介质　　B. 液体杂质　　C. 清管器　　D. 固体杂质

75. 进行管线吹扫、清管、试压作业时,天然气的进气流速或清管球的运行速度应

(　　)。

A. 为 5 m/s　　B. 为 5 m/s 左右

C. 不超过 5 m/s　　D. 不超过 10 m/s

76. 输气干线两侧要求(　　)m 内无深根植物。

A. 3　　B. 4　　C. 5　　D. 6

77. (　　)是第一条引进国外天然气的长输管线。

A. 陕京一线　　B. 西气东输一线　　C. 川气东送　　D. 西气东输二线

78. 我国天然气标准中，CO_2的体积分数不大于(　　)%。

A. 10　　B. 3　　C. 2.5　　D. 0.5

79. “TT”在仪表中是指(　　)。

A. 压力变送器　　B. 现场压力表　　C. 差压表　　D. 温度变送器

80. 当压力为 4.49 MPa 时，天然气液化的临界温度为(　　)。

A. 162 ℃　　B. −162 ℃　　C. −82 ℃　　D. 82 ℃

81. 调压器按用途分可分为三类，其中不包括(　　)。

A. 区域调压器　　B. 直接作用式调压器

C. 专用调压器　　D. 用户调压器

82. 若要降低调压器的出口压力需要进行以下操作(　　)。

A. 顺时针转动调节弹簧　　B. 逆时针转动调节弹簧

C. 减少用气　　D. 以上都可以

83. 指挥器的作用不包括(　　)。

A. 放大出口压力升高的信号　　B. 提高灵敏度

C. 放大出口压力降低的信号　　D. 放慢调压器动作

84. 泡沫清管器具有(　　)特点。

A. 回弹能力强　　B. 导向性能好　　C. 变形能力高　　D. 以上都是

85. 皮碗清管器的过盈量为(　　)。

A. 2% ~5%　　B. 3% ~10%　　C. 1% ~4%　　D. 2% ~4%

86. 如果球后的压力持续上升，球前压力下降，我们可判断是发生了(　　)故障。

A. 卡球　　B. 球破裂　　C. 球的推力不足　　D. 球漏气

87. 以下各项中三者的设定顺序由大到小正确的是(　　)。

A. 工作压力 放散压力 切断压力　　B. 切断压力 放散压力 工作压力

C. 放散压力 工作压力 切断压力　　D. 工作压力 切断压力 放散压力

88. 安全阀的作用在于，当管线、设备内的压力超过其(　　)时，便自动开启，放空、泄压。

A. 允许压力　　B. 最高工作压力

C. 给定压力值　　D. 最高工作压力为 1.05 ~1.10 倍

89. 规格为 PN40 DN500 的输气管道其(　　)。

A. 设计压力为 4.0 MPa　　B. 设计压力为 40 MPa

C. 工作压力为 4.0 MPa　　D. 工作压力为 40 MPa

90. 下列说法不正确的是(　　)。

A. 清管不能进行管内壁检查

B. 清管可以降低硫化氢和二氧化碳对管道的腐蚀

C. 清管可以延长管道的使用寿命

D. 清管可以提高管输效率

91. (　　)可在管内做任意方向的转动,通过弯头、变形部位的性能较好。

A. 清管球　B. 皮碗清管器　C. 泡沫清管器　D. 机械清管器

92. 节流效应的结果是(　　)。

A. 降压升温　B. 降压降温　C. 升压降温　D. 不一定

93. 进行排污时,操作人员应该站在(　　)风口,排污池应处于(　　)风口。

A. 上,上　B. 下,上　C. 下,下　D. 上,下

94. 接收筒的长度,一般不应小于筒径(　　)。

A. 1 ~2 倍　B. 2 ~3 倍　C. 3 ~4 倍　D. 4 ~6 倍

95. 打开差压表时,应注意先开启(　　)。

A. 高压阀　B. 低压阀　C. 平衡阀　D. 都可以

96. 调压器下游要求工作压力设定为 0.3 MPa,那么以下合适的切断压力是(　　)MPa。

A. 0.37　B. 0.25　C. 0.30　D. 0.23

97. 城镇燃气管道按输送燃气压力分为(　　)级。

A. 四　B. 五　C. 六　D. 七

98. 在输气站的过滤分离系统中,用来消除分离器未能分离除掉的粒度更小的固体杂质的是(　　)。

A. 气体除尘器　B. 气体过滤器　C. 重力式分离器　D. 旋风式分离器

99. 旋风式分离器是利用(　　)来实现相分离的。

A. 向心力　B. 离心力　C. 重力　D. 浮力

100. 天然气管道置换空气以保证管线内天然气中含氧量小于(　　)。

A. 1%　B. 2%　C. 3%　D. 5%

(二)判断题

判断题

1. 拉伸受力的特点是外力大小相等,方向相反,作用线通过杆的轴线;变形特点是杆件沿轴线方向缩短。(　　)

2. 热电阻变送器常使用 3 芯或 4 芯电缆连接。(　　)

3. 电动阀驱动机构的维护,要注意检查是否有油泄露,观察油位和油的质量,更换漏油处的密封;注意油位应距满油口约 30 mm。

4. SHAFER 转动叶片式驱动器,当动力气源推动气液罐的工作液经调速器分别进入油缸的 1、3 区间或 2、4 区间时,推动叶片和与叶片固连在一起的转动部分旋转,从而驱动球阀主轴转动,实现球阀的关和开。(　　)

5. 截止阀在清洗安装完毕后,逆时针缓慢转动手轮,使阀门达到最大行程,然后顺时针旋转手轮,使阀门达到最小行程,检查密封是否可靠。(　　)

6. 压力容器最高工作压力是指容器顶部在正常工作过程中可能产生的最高表压力。（　　）

7. 对单条压力管道而言，压力管道的工作原理就是依靠外界的动力或者介质本身的驱动将该条压力管道源头的介质输送至该条压力管道的终点。（　　）

8. 对特种设备实施定期检验的具体工作，是由市级以上特种设备安全监察部门认可并授权的检验单位进行。（　　）

9. 罗茨流量计安装于管道后，须检查转子转动是否灵活。（　　）

10. 温度变送器常与温度计或热电阻配合使用。（　　）

11. 在一般输气管道通过能力基本公式 $Q_b = 5\,033.11 d^{8/3}[(p_1^2 - p_2^2)/GTZL]^{1/2}$ 中的 p_1 指管线的起点压力。

12. 一天然气储罐，容积为 1 000 m^3，管内天然气压力为 0.7 MPa，温度为 30 ℃，已知该天然气的相对分子质量是 17.2，其中硫化氢含量是 18 mg/m^3。经计算硫化氢在天然气中的体积组成为 0.001 8%。（　　）

13. 在天然气工程中，不管在什么压力、温度条件下，只要对比压力、对比温度相同，其他烃类气体就和甲烷的压缩系数相等。（　　）

14. 当发生管线爆破时，管线中的天然气压力急剧下降，流速加快，流量计的差压突变。（　　）

15. 当发现天然气大量泄漏后，应立即撤离现场，在配电室停掉相关设备，关闭进出站阀门。（　　）

16. 检查球阀阀座是否有泄漏可以用阀腔排空的方法进行。（　　）

17. 自力式压力调节器调压性能差的原因之一是喷嘴、丝扣漏气，其处理方法是堵漏。（　　）

18. 先导式安全阀阀盖上呼吸孔漏气的原因是膜片密封不严或膜片损坏，其处理方法是清洗或更换膜片。（　　）

19. 天然气中水合物堵塞管道的处理方法是升温降压法。（　　）

20. 输气场站不定期进行安全活动，须对场站管线、接头、消防器材等进行检查，要求管线、阀件、仪表必须连接紧密、牢靠。（　　）

21. 仪表的精度仅与仪表的允许误差有关。（　　）

22. 闸阀阀杆转动不灵活的原因之一是阀杆与铜套螺纹之间有杂物。（　　）

23. 自力式压力调节器调压性能差的原因之一是喷嘴、丝扣漏气，其处理方法是堵漏。（　　）

24. 检查球阀阀座是否有泄漏可以用阀腔排空的方法进行检查。（　　）

25. 输差是指一条管线每日输入气量与设计输送量之差。（　　）

26. 输气干线技术管理的基本要求是：最大限度地发挥管线的储气能力；尽可能地延长管线的使用期限；保证气质，减少输耗；供气稳定安全。（　　）

27. 安全生产管理工作应该做到预防为主,通过有效的管理和技术手段,减少和防止人的不安全行为和物的不安全状态,这就是预防原理。 (　　)

28. 阴极保护电位越高保护效果越好。 (　　)

29. 外加电流阴极保护不需要外加电源,建设费用和维护费用比较低。 (　　)

30. 在发球筒装入清管器后,为提高工作效率,应一边关闭快速盲板,一边打开球筒进气阀。

31. 在串联监控中,监控调压器的设定压力小于工作调压器。 (　　)

32. 切断阀的切断压力小于放散阀的工作压力。 (　　)

33. 挂切断阀时要迅速。 (　　)

34. 收发筒上必须安装压力表。 (　　)

35. 收球工艺上的平衡阀是为了平衡收球球阀两侧的压力。 (　　)

36. 清管球的通过性能好,可携带各种检测仪器和装置。 (　　)

37. 清管器通过的阀门,操作前必须全开,防止损坏清管器。 (　　)

38. 皮碗清管器方便携带各类探测器和跟踪仪。 (　　)

39. 清管球在管道内只能滚动前行。 (　　)

40. 管道规格为 $\phi100\times20$,清管球外径为 63 mm ,则清管时过盈量为 5% 。 (　　)

41. 闸阀闸板脱落处理方法是:将该阀所处管段压力放空为零,拆卸该阀清洗检查,若零件有损坏则修理或更换,若零件完好则将闸板安装到位,将闸阀组装复原。 (　　)

42. 在有放空、排污总阀的流程中,汇管、分离器等压力容器设备在检修时,应先降压排污清除设备内的污物,然后放空或放散,此时应特别关注放空、排污总阀的开关位置。 (　　)

43. 静压突然增大,差压突然减小,其原因是流量计以后的输气管线被堵塞。 (　　)

44. 在管道腐蚀状况调查过程中,对土壤条件变化剧烈的地区应进行重点调查。 (　　)

45. 在高寒地区输送天然气时,由于外界原因使天然气形成水合物堵塞,主要是由于天然气的露点太高造成的。 (　　)

46. 清管球分为实心球体和空心球体。 (　　)

47. 腰轮流量计又叫作罗茨流量计,腰轮流量计测得流量为转数的 4 倍。安装时流量计前后均需要直管段。 (　　)

48. 向管内加入缓蚀剂,可以防止管内壁腐蚀,从而提高管道输送效率。 (　　)

49. 过滤器滤芯应按周期进行更换。 (　　)

50. 在复杂管道的工艺计算中,为了计算的需要,常常将一条相当于复杂管系通过能力的简单管道称为当量管。 (　　)

二、答案

(一)单项选择题

1. D	2. C	3. B	4. D	5. C
6. B	7. A	8. D	9. C	10. B
11. B	12. D	13. A	14. B	15. D
16. B	17. C	18. B	19. C	20. A
21. B	22. A	23. C	24. A	25. B
26. A	27. C	28. A	29. B	30. D
31. B	32. B	33. C	34. C	35. A
36. D	37. D	38. D	39. A	40. C
41. C	42. A	43. D	44. A	45. A
46. B	47. D	48. C	49. C	50. C
51. B	52. B	53. C	54. A	55. C
56. A	57. D	58. A	59. B	60. B
61. D	62. C	63. B	64. C	65. D
66. C	67. C	68. A	69. B	70. A
71. D	72. A	73. D	74. C	75. C
76. C	77. D	78. B	79. D	80. C
81. B	82. B	83. D	84. D	85. C
86. A	87. B	88. C	89. A	90. A
91. A	92. B	93. D	94. D	95. C
96. A	97. D	98. B	99. B	100. B

(二)判断题

1. ×	2. √	3. ×	4. √	5. ×
6. √	7. √	8. ×	9. ×	10. ×
11. √	12. ×	13. √	14. √	15. ×
16. √	17. √	18. √	19. √	20. ×
21. ×	22. √	23. √	24. √	25. ×
26. ×	27. √	28. ×	29. ×	30. ×
31. ×	32. ×	33. ×	34. √	35. √
36. ×	37. √	38. √	39. ×	40. √
41. √	42. √	43. √	44. √	45. √
46. ×	47. √	48. ×	49. ×	50. √

参考文献

[1] 茹慧灵. 输气技术[M]. 北京:石油工业出版社,2010.
[2] 袁宗明. 城市配气[M]. 北京:石油工业出版社,2004.
[3] 段常贵. 燃气输配[M]. 北京:中国建筑工业出版社,2001.
[4] 茹慧灵. 油气管道保护技术[M]. 北京:石油工业出版社,2008.
[5] 王克华. 石油仪表及自动化[M]. 北京:石油工业出版社,2006.
[6] 靳兆文. 压缩机工[M]. 北京:化学工业出版社,2006.
[7] 中国石油天然气集团公司职业技能鉴定指导中心. 输气工[M]. 北京:石油工业出版社,2008.
[8] 全国天然气标准化技术委员会. GB 17820—2012 天然气[S]. 北京:中国标准出版社,2012.
[9] 中华人民共和国建设部,国家质量监督检验检疫总局. GB 50028—2006 城镇燃气设计规范[S]. 北京:中国建筑工业出版社,2006.
[10] 中华人民共和国住房和城乡建设部. GB 50251—2015 输气管道工程设计规范[S]. 北京:中国计划出版社,2015.
[11] 国家能源局. SY/T 6470—2000 油气管道通用阀门操作维护检修规程[S]. 北京:石油工业出版社,2011.
[12] 国家能源局. SY/T 5922—2012 天然气管道运行规范[S]. 北京:石油工业出版社,2012.